老 노령견과
행복하게 살아가기

나카하다 마사노리 | 감수

김 환 | 옮김

Green Home

가족과 함께 건강하게 오래 살기를
바라는 것은 모든 주인의 바람입니다

　　요즈음 음식의 질이나 주거 환경이 놀라울 정도로 좋아졌기 때문에 애견의 수명이 많이 길어졌다.

　　예전에 우리 병원에는 15살이 넘는 개가 20마리 이상이나 통원치료를 받았던 적이 있었다. 15살이면 사람의 나이로 보면 80세가 넘는 늙은 노령견이라고 할 수 있다.

　　그러나 치료를 받으러 오는 개들이 전부 병을 앓고 있는 것은 아니다. 광견병 예방 주사나 필라리아 검사, 또는 귀 청소나 발톱 손질 등을 위해 정기적으로 병원을 찾는 개도 많다.

　　물론 몸과 마음은 나이가 들면서 쇠약해진다. 그렇기 때문에 애견들의 행동이 노화 때문에 생긴 현상인지, 아니면 질병의 증후인지 판단하기 어려운 경우가 많다. 정기적으로 몸 상태를 점검받는 개라면, 주인이 놓치기 쉬운 작은 변화도 일찍 알아차릴 수 있어 미리 질병을 예방하거나, 조기에 치료할 수 있다.

　　애견이 가족과 함께 오래오래 장수하길 바라는 것은 모든 주인들의 바람일 것이다. 그러나 나이가 들어 병들어 누워있기만 하거나, 치매에 걸렸을 경우에도 강아지 때처럼 변함없는 애정으로 마음으로부터의 간호를 과연 해줄 수 있을까?

　　이것은 사실 개를 키우기 전에 반드시 생각해 봐야 하는 중요한 문제이다. 작고 귀여운 강아지는 그리 멀지 않은 미래에 주인의 나이를 넘어서 먼저 늙어버린다.

　　이 책이 가족과 같은 애완견이 질병이나 사고로 삶을 마감하지 않고, 건강하게 애견의 수명을 다할 수 있도록, 우리 가족이 무엇을 할 수 있는지를 생각할 수 있는 계기가 되었으면 하는 바람이다.

나카하다 동물병원장 나카하다 마사노리

CONTENTS

노령견과 행복하게 살아가기

PART 2 건강하게 장수하는 비결 65

칼럼

PART 3 견종별 장수 비결 115

PART 4 평온하게 살아가는 애견의 일생 145

건강하게 장수하는 비결 146

PART 5 가정에서 간호한다 165

목적별 색인

◎ 행동·몸짓　● 장수 비결　○ 병명　□ 간호 포인트　■ 기타

노령견의
노화 신호와 대책

노화의 신호는
7살 전후에 나타나기 시작한다

I am
7years
old

더위와 추위에 약해진다

핵~

먹는 양이 적어진다

운동이 힘들어진다

하 하
하
하

병에 걸리기 쉽다

중 · 노년의 시기부터 몸이 변화하기 시작한다

소형견보다 평균 수명이 짧은 대형견을 포함하여 함께 살펴보면, 7살 전후가 노년기의 시작이다. 개의 나이가 7살이면 사람의 나이로 보면 아직 40대나 50대. 연령으로 보면 중 · 노년이지만, 신체의 노화는 확실히 시작되고 있다.

겉모습이나 신체 기능면에서 쇠약해진 증세가 나타나기 시작하면, 음식, 산책, 주거환경 모두 지금까지와 같아서는 안 된다.

먹는 양이 줄어들고, 운동이 힘들어지며, 더위와 추위에 약해진다. 또한, 면역력이 떨어져 질병에 걸리기 쉬워진다.

7살이 넘은 애완견이 평소와 다른 행동이나 몸짓을 보이면 주의해서 살펴야 한다. 그러나 몸짓과 행동 하나하나의 배후에는 노화 또는 질병이 원인일 수도 있으므로 수의사와 상담한다.

1st Step
7살 이후

**눈에 보이는
행동 변화**

1 털이 가늘어진다 ➡ 26p.
장모종, 단모종 모두 털의 윤기가 없어지고 가늘어져서 속살이 보인다.

2 털색이 퇴색한다 ➡ 26p.
얼굴 주위의 털이나 수염 색깔이 하얗게 변한다. 몸 전체의 털이 퇴색한다.
또한, 콧등에 하얀 반점이 생기고, 전체적으로 하얗게 된다.

3 피부 탄력이 떨어진다 ➡ 28p.
발바닥 쿠션이 딱딱해지고, 몸 전체의 피부에 탄력이 없어진다.

4 눈동자 색깔이 각도에 따라 청백색으로 보인다 ➡ 14p.
시력이 떨어지고, 눈이 뿌옇게 탁해진다.

5 다리와 허리가 약해진다 ➡ 14, 18p.
산책을 빨리 끝마치고 싶어한다. 걷는 것이 싫어진다.

2nd Step
9살 이후

1 소리에 반응이 둔해진다 ➡ 22p.
주인이 부르거나, 주위에서 소리가 날 때 평소처럼 곧바로 반응하지 못한다.

2 지방종양이 생긴다 ➡ 26, 28p.
몸 여기저기에 지방이 뭉쳐 딱딱해지고, 그 중에는 악성종양도 있으므로 주의가
필요하다.

3 눈물 자국이 생긴다 ➡ 14p
갑자기 눈물을 많이 흘리고, 눈 밑에 눈물자국이 생긴다.

4 음식의 기호가 바뀐다 ➡ 16p
후각과 미각이 떨어져 진한 맛과 강한 냄새의 음식이 아니면
식욕을 보이지 않는다.

5 움직이기 싫어한다 ➡ 18p.
움직임이 느려지고, 누워 있는 시간이 길어진다.

**오감의 쇠퇴와
체질 변화**

심한 운동을 한 후도 아닌데

헥― 헥― 하며 숨이 거칠다

:: 판단할 수 있는 원인 ::

원인 1 날씨나 실내온도의 급격한 변화 ➡ 기관지의 쇠약 ➡ **노화**
호흡기에 이상이 있다 ➡ 질병

원인 2 비만 ➡ 심장 기능의 쇠약 ➡ **노화**

원인 3 발열 ➡ 전염병, 감염증, 폐렴 ➡ 질병

원인 4 여름철 뜨거운 한낮의 산책 ➡ 일사병, 열사병 ➡ 질병

원인 5 목에 이물질 ➡ 삼킴 기능의 약화 ➡ **노화**
잘못된 음식을 먹음 ➡ 질병

걱정스런 행동의 원인은 노화, 질병, 환경 등 여러 가지 요인일 수 있다.

기온 변화에 적응하지 못하게 된다

노년기에 들면 기관지가 좁아지고, 기관지 안쪽이 석회화(석회침착)하거나 분비물 감소로 매끄럽지 못하게 되어 헥― 헥― 하고, 마르고 건조하게 숨을 쉬는 경우가 있다.

개는 호흡으로도 체온을 조절하기 때문에 더위와 추위, 높고 낮은 습도에 적응하지 못할 때는 이 현상이 더욱 두드러지게 나타난다.

또한, 비만 때문에 심장에 부담을 주어 조금만 움직여도 호흡이 가빠지는 개도 있다.

고열과 함께 헐떡일 때는 필라리아 등에 감염된 폐렴일 수도 있다. 한여름 뜨거운 날씨에 산책하다가 쓰러져서 돌아온 후부터 괴로운 듯 헐떡이고 있을 때는 열사병으로 볼 수 있다.

잘못 먹거나 잘못 마셔서 무엇인가 목에 걸렸거나, 고기나 생선뼈가 목에 걸린 경우에도 이 현상이 나타나므로 항상 주의해서 살펴야 한다.

● **사람의 마음**

매우 고통스럽게 호흡하고 있잖아! 몸이 안 좋은가? 하지만 열은 없고, 목에도 걸린 게 없는데, 도대체 뭐가 문제일까?

어라! 평소처럼 움직이는데 왠지 몹시 피곤하다. 목이 아프고 「헥─ 헥─」 숨이 차다. 몸이 무겁게 느껴지는 건 살이 쪄서 그런가? 숨이 차서 힘드니까 이제부터는 조금만 움직여야지.

● **애견의 마음**

개와 사람의 생각에는 차이가 있다. 「개는 어떻게 생각하고 있을까?」하고 그 마음을 헤아려 주자.

대책 ## 애견을 위해 해야 할 일

운동	운동을 무리하게 시키지 않는다. 개의 페이스에 맡겨 걷게 한다.
주거환경	여름, 겨울 모두 일정한 온도로 실내온도를 유지한다. 특히 더위에 약하므로 여름에는 한낮에 산책하지 않는다. 겨울에는 코트를 입혀서 데리고 나간다.
병원	거친 숨이 계속될 때에는 병원에 데려간다. 감염증, 심장, 호흡기 등을 검사한다.
심리상태	개는 피로감을 느끼는 것에 적지 않게 쇼크를 받는다. 무엇이든 무리하게 강요하지 말고, 부드럽게 대한다.

코를 고는 것은 질병의 신호?

여러분의 애견은 코를 고나요? 코를 고는 것은 버릇이다. 개가 누워서 쉬고 있을 때, 그르렁─ 그르렁─, 헥─ 헥─ 하는 소리는 코를 고는 것이 아니라, 어떤 병 때문에 호흡이 곤란해서 나는 소리로 개가 힘들어하는 경우도 있다. 코 고는 소리가 클 때에는 병원에서 진찰을 받자.

항상 생활하는 거실 등

익숙한 장소에서 가구에 부딪힌다

:: 판단할 수 있는 원인 ::

원인 1
주거환경의 변화 ➡ 이사한 지 얼마 안 되었다 ➡ 익숙하지 않다
시간이 많이 지났는데도 부딪힌다 ➡ **노화**

원인 2
다리와 허리가 약하다 ➡ 다리나 허리를 다쳤다 ➡ 질병
특별한 외상이 없다 ➡ **노화**

원인 3
급격한 시력 저하 ➡ 눈에 상처를 입었다 ➡ 질병
눈이 탁하다 ➡ **노화**

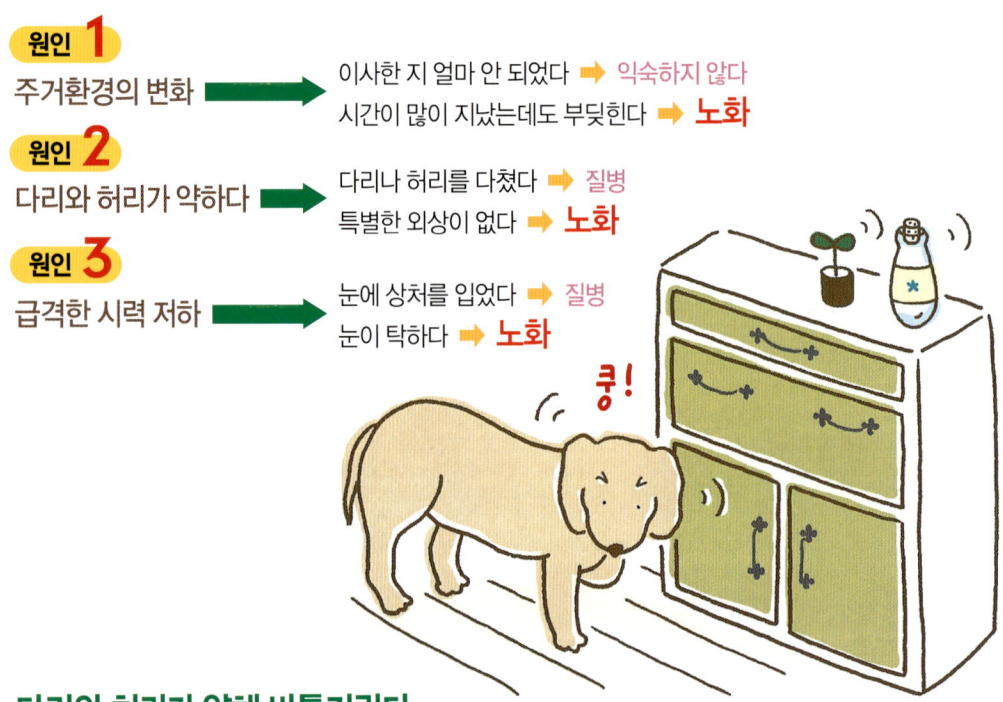

쿵!

다리와 허리가 약해 비틀거린다

최근 애견이 자주 다니는 장소에 새로운 가구를 놓지 않았는가? 아니면 가구를 옮기지 않았는가? 만약 그렇다면, 애견이 가구에 부딪히는 행동은 오랫동안 익숙해진 환경이 변화하여 아직 그곳에 익숙해지지 않았기 때문이다.

아주 많이 늙었다면, 다리와 허리가 약해져서 비틀거리기 때문에 주변 물건에 부딪히는 경우도 있다.

또한, 급격하게 떨어진 시력도 원인의 하나로 생각할 수 있다. 이들 원인의 대부분은 백내장 때문이다. 눈의 수정체가 하얗게 되고, 그대로 두면 시력이 떨어져 실명하는 경우도 생긴다. 단, 일찍 발견하면 치료로 진행을 늦출 수 있다. 여러 각도에서 애견의 얼굴을 관찰하고, 눈이 뿌옇게 탁해 보이면 수의사에게 진찰을 받는다.

● 사람의 마음

항상 같은 의자에 부딪히네. 그러고 보니 물건을 잘 보지 못하는 것 같아. 눈이 나빠졌나? 발이 아파서 그런지도 몰라? 하지만 곧 익숙해지겠지.

● 애견의 마음

으—윽! 아퍼! 어어? 여기에 의자가 있었나? 왠지 둥둥 떠서 걷고 있는 느낌이야. 몸이 흔들리는 이유가 뭘까? 내가 똑바로 걷고 있는 건가? 눈 앞도 왠지 뿌옇고…….

대책 애견을 위해 해야 할 일

운동	낯선 곳은 무서워한다. 산책은 익숙한 장소에서 끝마친다. 비틀거리면 산책을 시키지 말고, 실내에서 일광욕 정도로 한다.
주거환경	잠자리 위치는 바꾸지 않는다. 잠자리나 화장실은 언제나 같은 장소에 놓아둔다. 개가 활동하는 범위 안에는 새로운 가구를 놓지 않는다.
병원	눈이 뿌옇게 탁해지면 곧바로 병원에 데려간다.
심리상태	눈이 보이지 않게 되면 개는 불안해진다. 「괜찮아」라고 말을 걸어 주면서 마음을 진정시키고, 부드럽게 몸을 쓰다듬어 위로한다.

개 한테도 노안이 오는가?

개는 원래 근시여서 멀리 있는 것이 흐리게 보인다고 한다. 단, 동체시력(움직이는 것에 대한 시력)이 뛰어나서 사냥감 등의 움직임에는 재빠르게 초점을 맞춘다. 그러나 나이가 드는 것은 어쩔 수 없기 때문에 점점 초점을 맞추기가 힘들어진다.
7살이 지나면 빠른 움직임은 시선이 못 쫓아가게 된다.

 걱정되는
행동·몸짓

식욕이 없고

먹기 힘들어한다

:: 판단할 수 있는 원인 ::

원인 1 씹기 힘들다 ➡ 이가 약해졌다 ➡ **노화**
이(코)의 질병 ➡ 질병

원인 2 구강 내 이상 ➡ 종양이 있다 ➡ **노화**

원인 3 목에 이물질 ➡ 음식을 잘못 섭취 ➡ 질병

원인 4 소화 불량 ➡ 소화기 기능 저하 ➡ **노화**
소화기 질병 ➡ 질병

원인 5 기호의 변화 ➡ 후각, 미각이 약해짐 ➡ **노화**

원인 6 포만감 상태 ➡ 간식 ➡ 배가 부름

● 애견의 마음

먹고는 싶은데…… 먹을 수 없는 이 신세!
입도 이도 성하지 않고, 뱃속도 거북해서 맛있
게 먹을 수가 없다. 휴우─ 아아~ 점점 먹는
게 귀찮아진다!

● **사람의 마음**

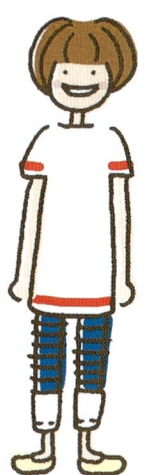

또 남겼네. 배가 부른가? 요즈음 그다지 운동도 하지 않는데 먹는 양이 적당한가? 그럼 내일부터 양을 조금 줄여서 줘야겠다.

개의 미각은 어느 정도?

개가 음식을 먹고 싶다고 느끼는 것은 주로 후각으로 전달된 정보에 의해서다. 단, 맛이 진하거나 기름기가 많은 것, 육류 등은 기호성이 높고, 한번 맛들이면 다른 음식을 거부하는 경우도 있다.
특히, 대형견보다 소형견인 경우에 그런 경향이 더 심한 것 같다. 비만의 원인이 되므로 주지 않는다.

Delicious!

 대책 애견을 위해 해야 할 일

음식	먹기 쉬운 것을 선택한다. 노령견 전용 사료나 부드러운 음식을 준다.
병원	이나 잇몸 등에 종양이 있는지 입 안을 체크한다. 이상한 점이 보이면 바로 병원으로 간다.
심리상태	먹고 싶은데 먹을 수 없다는 것은 개한테 큰 스트레스이므로 원인을 빨리 찾아내자. 또한, 양치질하는 시간을 갖고 부드럽게 말을 걸면서 입 안을 체크한다.

먹기 쉬운 음식을 준비한다

나이가 들면 이나 잇몸 질환이 많아진다. 통증이 있으면 음식 먹기가 힘들어지는 것은 당연하다.

또한, 이 질환이 악화되거나, 바로 위에 있는 코 기능에 이상이 생기거나, 후각이 마비되어 식욕에 영향을 주는 경우도 있다.

또, 입 안에 종양 등이 생기거나, 통증이 있거나, 음식 씹기가 힘들거나, 음식이 닿을 때 통증을 느끼거나, 입에 음식을 넣었을 때 툭 떨어져 음식 먹기가 싫어지는 경우도 있다.

더욱이 주인 모르는 사이에 주위에 있는 이물질을 삼켰거나, 음식에 섞인 고기나 생선가시 등이 목에 걸려 통증을 느낄 수도 있다. 소화기능은 나이가 들면서 저하되고, 후각이나 미각도 떨어진다.

그렇기 때문에, 평소에 먹는 음식은 소화 흡수에 시간이 많이 걸려 위장에 부담을 주고, 맛이나 냄새가 약한 음식에는 개가 흥미를 보이지 않게 된다.

일어서기 힘들어진다

:: 판단할 수 있는 원인 ::

원인 1 다리와 허리가 약하다 ➡ 노화에 의한 근력 저하 ➡ **노화**
상처를 입었다 ➡ 질병

원인 2 만지면 아프다 ➡ 관절의 질병 ➡ **노화** 질병

원인 3 체중이 무겁다 ➡ 비만

아이~~고 허리야~~

8살 전후이면, 변형척추증을 의심해 볼 수도

나이가 들면 움직임이 느려진다. 일어설 때도 허리를 무겁게 들어올리는 모습을 볼 수 있다.

지나치게 살이 많이 쪄서 실제로 몸이 무겁기 때문인 경우도 있지만, 노화 때문에 근력이 약해져서 하나하나의 움직임이 자연스럽지 못한 것이 원인일 수도 있다.

그밖에 8살 전후의 노령견이면 변형척추증이라는 관절병도 의심할 수 있다. 움직일 때마다 등뼈 어딘가가 아프기 때문에 움직이는 것을 싫어할 수도 있는 것이다.

빨리 일어서지 못하거나, 산책 중에 움직이지 못하거나, 소형견의 경우에는 안아서 들어올리는 것을 싫어하는 경우도 있다.

대책 ## 애견을 위해 해야 할 일

운동	개의 페이스에 맞추어 천천히 걷게 한다.
주거환경	잠자리는 미끄러지지 않게 담요나 시트를 깔아놓는다.
병원	관절이 닿았을 때 아파하는 것은 관절염일 수도 있다. 병원에서 진찰을 받자.
심리상태	「늦다」, 「둔하다」고 야단치면서 개를 절대로 구박하지 않는다. 몸이 예전과 같지 않기 때문에 개 자신이 제일 고통스럽다. 부드럽게 보살펴 주자.

● **애견의 마음**

관절이 아프네. 특별히 다친 데도 없는데……. 가끔 통증이 느껴져. 「산책가자」고 해도 예전처럼 벌떡 일어설 수가 없어!

● **사람의 마음**

요즘 개가 느릿느릿 움직이네. 움직이는 게 싫은가? 다치지도 않았는데 마치 아픈 것처럼 걷잖아!

개도 근력 트레이닝이 필요한가?

운동을 갑자기 그만두면 근력이 갑자기 약해진다. 혹사시킨 관절을 약해진 근력이 받쳐주지 못해서 관절염에 걸리기 쉽다.
몸을 움직이지 않으면 근력은 급격하게 약해진다. 가벼운 산책 정도의 운동은 노후에도 계속하는 것이 좋다.

나오지 않는데도
소변 보는 자세를 취한다,
자신도 모르는 사이에 소변이 나온다

:: 판단할 수 있는 원인 ::

원인 1 소변이 다 나오지 않은 느낌(잔뇨감)이 있다 ➡ 비뇨기 기능의 약화 ➡ **노화**

원인 2 1회 소변량이 적다 ➡ 당뇨병 ➡ 질병

원인 3 뇨의를 못 느낀다 ➡ 영역표시

어라…　?

소변 보는 조절이 잘 안 된다

애완견이 「소변을 보지 않는다」고 병원에 데려오는 개 중에는 정말로 그런 경우가 약 30%이다. 집 안에서 화장실이 아닌 곳에 소변을 흘리거나, 베란다나 정원에서, 또는 산책 중에, 주인이 보지 않는 사이에 실수하는 경우가 많다.

또한, 나이가 많아도 아직 영역의식이 강한 수캐라면 소변을 보고 싶은 것이 아니라 영역표시를 하고 있는지도 모른다.

노령견은 신장 기능이 약해져서 자주 소변을 보게 된다. 소변 보는 조절이 잘 안 돼서 소변을 흘리는 경우가 있다. 소변 색깔이나 냄새가 이상하면 비뇨기 질병이나 당뇨병일 수 있으므로 검사를 받는다.

배설은 실내와 실외 어디서?

밖에서만 배설하도록 길들여진 개의 경우에는, 나이 들어 다리와 허리가 약해져서 산책을 마음대로 할 수 없을 때 곤란한 경우가 많다. 체중이 무거운 중 · 대형견은 밖으로 데리고 나가는 일조차도 힘든 일이다. 강아지 때부터 실내 화장실에서도 실외에서도 소변을 볼 수 있게 길들이는 것이 좋다.

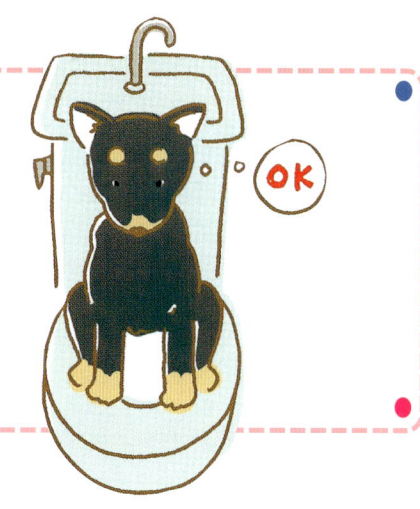

OK

대책 애견을 위해 해야 할 일

음식	소변을 잘 보지 못하면 식사할 때 잊지 말고 물을 주자.
주거환경	화장실 시트를 넓게 깔아 놓는다. 소변을 보았는지 자주 체크한다.
심리상태	뇨실금의 쇼크는 오히려 개가 더 받는다. 구박하지 말고, 「괜찮아」라고 말하면서 부드럽게 대한다. 자주 실수하면 개 전용 기저귀를 채운다.

● 애견의 마음

왠지 소변이 다 나오지 않은 느낌이야. 낑~ 어라? 안 나오네! 자, 됐나? 어어? 걷는 사이에 나도 모르게 소변을 싸 버렸네. 어쩌지…… 야단맞겠는데!

● 사람의 마음

산책도 하고, 화장실도 데려가는데 어째서 방에 소변을 누는 거지? 다시 화장실 길들이기를 해야 하나?

걱정되는
행동 · 몸짓

주인에게 으르렁거리며
반항적인 태도를 보인다

:: 판단할 수 있는 원인 ::

원인 1
몸에 통증이 있다 ➡ 상처, 부종, 관절 질환 등

원인 2
오감의 쇠퇴 ➡ **노화**

원인 3
길들이기 문제 ➡ 복종 훈련이 안 되었다

원인 4
상황을 파악하지 못한다 ➡ 치매 ➡ **노화**

early!

한밤중에 짖는 것은 치매 증상일 수도 있다

오랫동안 신뢰관계를 쌓아온 주인이 몸을 만지려고 할 때, 또는 들어서 안으려고 할 때, 애견이 으르렁거리거나 물려고 했다면 먼저 의심해 볼 수 있는 것은 어디가 아픈 것이다.

골절 등 다친 곳이 있거나, 붓거나 응어리진 부분이 있거나, 관절의 통증 등 여러 가지 원인을 생각할 수 있다.

애견의 이름을 불렀는데도 오지 않거나, 산책을 가자고 하는데도 무시하거나, 「엎드려」 또는 「기다려」 등의 명령에 따르지 않는 등의 태도는 귀가 잘 들리지 않거나, 움직이는 게 귀찮을 때 나타나는 행동이므로 반항 때문이라고는 말할 수 없다. 또한, 치매 증상일 가능성도 있다.

22

애견을 위해 해야 할 일

음식	몸 어딘가에 이상이 있는 것 같으면 병원에 간다. 통증 때문에 짖는 것은 상당히 중증의 질병일 가능성이 있다.
약	치매 증상인 경우, 증상을 완화시키는 약을 처방하는 경우도 있다. 수의사와 상담한다.
심리상태	반항하는 원인을 파악하지 못한 채 야단치면 안 된다. 어떤 경우의 원인이라도 거칠고 위압적인 태도로 대하면, 주인과 애견의 신뢰관계는 나빠진다.

● **사람의 마음**

아까부터 「이리와」라고 부르는데 뭐하는 거지? 전에는 「이리와」하면 바로 달려왔는데, 요즈음 나한테 반항하네. 얕보지 못하도록 야단쳐야지!

● **애견의 마음**

엄마(주인)가 뭐라고 하는 거지? 들리지 않으니 나원 참! 나한테 하는 말이 아니겠지. 어라! 엄마가 왜 화를 내지? 난 아무 짓도 안 했는데?

사람과 개의 주종관계는 영원?

무리지어 생활하는 늑대 종류의 사회는 수직사회이므로, 강아지 때 확실하게 주종관계를 가르쳐 놓으면 주인에 대한 복종심을 지킨다.

그러나 나이가 들어 늙으면 개 스스로 하고 싶어도 못하는 일들이 많아진다. 그 행동을 반항한다고 생각하여 야단치는 것은 잘못된 행동이다. 너그럽게 이해하면서 보살펴 주자.

이가 흔들거린다

:: 판단할 수 있는 원인 ::

원인 1 잇몸이 주저앉았다 ➡️ 치주병 ➡️ **노화**

원인 2 이를 받치는 뼈가 약해졌다 ➡️ 치주병 ➡️ **노화**

원인 3 충치 ➡️ 충치를 치료한다 ➡️ 노화 때문이 아니다

잇몸이 약해진다

치아 관리를 잘 하지 않으면, 치구나 치석이 쌓이고, 그것이 원인이 되어 치주병이 생긴다.

치주병이 악화하면 이를 지탱하는 잇몸과 뼈까지 상해서 이가 흔들리게 된다.

노화 때문에 잇몸 또는 이를 받치는 뼈가 약해져서 치주병이 생기기 쉬워진다.

이가 흔들려도 뽑지 않고 그대로 치료하는 경우도 있지만, 상태가 심하면 이를 뽑아야 한다.

원래 개의 이는 음식물을 물어서 찢는 것이 주된 역할이어서, 거의 씹지 않고 삼키는 습성이 있다. 이가 빠져서 적어지면 물어서 자를 필요 없는 부드러운 음식 밖에 먹을 수 없게 된다.

대책 애견을 위해 해야 할 일

운동	놀 때 양치질 효과가 있는 물고 노는 장난감을 주면 치주병의 원인인 치석을 예방할 수 있다.
음식	음식은 먹기 쉽게 가능한 작게 잘라서 준다.
병원	치주병의 원인인 치구와 치석, 그리고 이에 쌓인 찌꺼기도 제거하여 이가 상하는 것을 예방한다.
약	항생제를 투여한다.

● 사람의 마음

밥 먹자~ 하고 부르면 달려
오는데, 항상 건식 사료라
는 걸 알면 먹지 않고 그냥
가버리네? 질렸나? 그런
음식 투정은 버릇 나빠지
니까 받아줄 수 없어.

● 애견의 마음

깨물면 이와 잇몸이 아프니까 단단한 것
은 먹기 싫어. 아삭아삭한 사료나 좋아하
는 육포도 먹을 수가 없어. 배가 너무 고
프지만······.

6 개월에 1번은 치석 제거를

1주일에 3번 양치질 하는 습관을 들이면, 치석의 원
인인 치구를 많이 제거할 수 있다. 이렇게 해도 붙어
있는 치석은 6개월에 1번 동물병원에서 제거한다.
단, 치료할 때는 통증이 있으므로 마취가 필요하다.
나이 많은 노령견한테는 통증이 큰 부담이 된다.

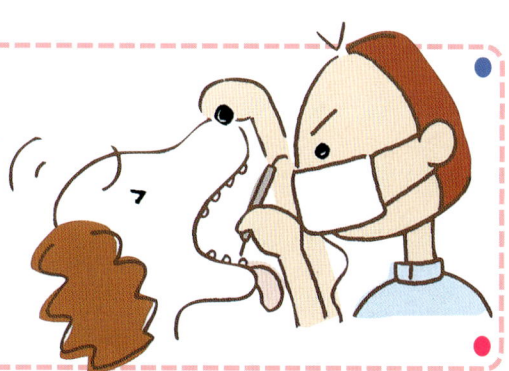

25

털이 빠진다

:: 판단할 수 있는 원인 ::

원인 1
계절의 변화 ➡ 털갈이 시기 ➡ 노화 때문이 아니다

원인 2
세포의 노화 ➡ **노화**

원인 3
기생충 · 곰팡이 · 알레르기 ➡ 피부염 ➡ 질병

원인 4
호르몬 이상 ➡ 갑상선, 부신피질 질환 ➡ 질병

원인 5
몽우리에 의한 부분 탈모 ➡ 종양 ➡ **노화**

원인 6
개가 계속 핥는다, 물어서 뽑는다 ➡ 스트레스 ➡ **노화**

털이 빠지는 원인은 여러 가지

봄에서 여름으로, 가을에서 겨울로 계절이 바뀌는 시기는 개의 털갈이 시기이기 때문에, 몸 전체에 빠지는 털이 많아진다. 자주 빗질을 해서 빠진 털을 제거하자.

털갈이 시기가 아닐 때에는 진드기나 벼룩 등이 기생하거나, 곰팡이 세균이 원인인 피부염, 알레르기성 피부염, 또는 호르몬 이상이나 종양 때문에 털이 빠지는 경우도 있다. 동물병원에서 검사하여 원인을 알아보자.

질병으로 털이 빠지는 것이 아니라 스트레스 때문에 개 스스로 털을 뽑아버리는 경우도 있다. 또한, 나이가 들어 피부세포가 약해지면 털이 가늘어지고 빠져서 드문드문 나 있는 것은 자연적인 현상이다.

● **사람의 마음**

이 시기에는 털이 심하게 빠져서 방 청소하기가 힘드니까, 소파나 카펫에 눕는 것은 한동안 못하게 해야지. 이 녀석의 잠자리도 언제나 털이 가득하지만 청소는 나중에 해야겠다!

● **애견의 마음**

날씨가 더워지기 전에는 털이 꽤 많이 빠지는데, 이번에는 상태가 조금 다른 것 같네! 잠자리에 엎드려 있으면, 왜 그런지 몹시 가려운데 주인은 조금도 알아주지 않는구나!

대책 ## 애견을 위해 해야 할 일

주거환경	실내 또는 애견의 잠자리를 청결하게 유지하고, 곰팡이·진드기 등이 생기지 않도록 주의한다.
음식	음식물 알레르기가 있는 경우에는 알레르기를 일으키는 성분을 제거한 음식을 준다.
병원	검사해서 털이 빠지는 원인이 무엇인지를 확인한다.
심리상태	스트레스의 원인인 외로움이나 심심함, 지루함을 달래주고, 운동부족을 풀어준다.

Good!!

브러싱은 속에 있는 잔털부터

매일 매일 빗질하는 습관은 애견의 몸을 체크하기 위해서도 반드시 필요하다. 털갈이 시기, 특히 장모종은 속에 숨어 있는 털을 잊지 않고 빗질해야 한다. 그렇다고 잔털이 빠질 정도로, 또는 피부가 다칠 정도로 심하게 빗질하지 않도록 주의한다. 털을 젖혀 올려 안쪽 털의 뿌리부터 빗질하여 벼룩이나 진드기의 온상이 되는 빠진 털을 제거한다.

피부의 탄력이 없어진다

:: 판단할 수 있는 원인 ::

원인 1
발바닥 쿠션이나 코가
건조하고 단단하다 ➡️ **노화**

원인 2
피부가 늘어져 있다 ➡️ **노화**

원인 3
지방 덩어리가 있다 ➡️ **노화**

원인 4
뭉글뭉글하다,
몽우리가 있다 ➡️ 종양 ➡️ 질병

OK!

?

몽글
몽글

몽우리가 있으면 종양을 의심

나이가 들면 발바닥 쿠션이 말라서 딱딱해지고, 살이 찌지도 않았는데 배나 목의 피부가 늘어져 있다.

잡아서 당겨보면 젊었을 때처럼 탄력이 없고, 가죽이 두꺼워진 듯한 단단한 느낌이 든다.

또한, 지방 덩어리가 여기저기에 생기기도 한다. 이 응어리가 때로는 악성종양인 경우도 있으므로 주의가 필요하다. 악성인 경우에는 지방종(지방조직으로 이루어진 양성종양의 하나)과는 다르게 피부를 만졌을 때 딱딱하고 둥근 것이 안에서 움직이는 듯한 느낌이 든다.

얼마동안 종양이 생겼을 가능성이 있으므로, 병원에서 검사를 받아 보자. 몸 관리나 빗질할 때 몸을 만지면서 털과 피부의 상태를 체크하자.

애견을 위해 해야 할 일

운동	오랜 시간 산책하는 개, 체중이 무거운 개는 발바닥 쿠션 보호크림을 발라주어 터서 갈라지지 않도록 보살핀다.
주거환경	잠자리는 발바닥이 닿는 주위를 부드러운 소재로 깔거나 카펫을 깔아 준다.
병원	종양은 양성인지 악성인지 검사한 후에 신중하게 대처방안을 수의사와 상담한다.
약	발바닥 쿠션이 갈라진 경우에는 연고나 보호크림을 발라 준다.

가 젊어지는 미용법

코는 건조하고, 털은 허옇게 드문드문 성기고, 눈 밑은 눈물자국 때문에 갈색으로 변했고, 입 주변에는 흰 수염이 자라는 등, 개의 외모에도 늙은 모습이 확실하게 나타난다.
음식에 질 좋은 단백질 재료를 섞거나, 피부 건조를 예방하는 로션이나 크림을 발라서 윤기 있는 털로 되돌려 보자.
피부를 마사지하듯이 브러싱하면 털에 윤기가 살아난다.

Beautiful

● 애견의 마음

산책할 때 발바닥이 아파서 걷기 싫어. 특히 아스팔트나 콘크리트로 된 딱딱한 도로는 정말 싫어. 흙이나 풀 위를 걷는다면 편안하겠는데……

● 사람의 마음

산책 중에 가만히 서있기만 하네. 리드를 당겨도 발을 움직이지 않고 버티면서 저항하잖아? 나이가 들어서 산책이 싫어졌나?

걸리기 쉬운 질병을 알아두자

>> 질병으로 죽은 노령견의 「사망 원인 TOP10」

1위	종양(암)
2위	심장병
3위	신장 질환
4위	간질
5위	간장 질환
6위	위염전 · 위확장
7위	당뇨병
8위	돌연사
9위	부신질환
10위	면역계통의 질환

노후에는 병에 자주 걸린다

위의 표는 노령견의 사망 원인을 순서대로 나열한 것으로, 미국의 동물병원에서 조사한 결과이다.

한국과는 다소 환경이 다르지만 조사 결과처럼 인간이 늙었을 때와 별다른 차이가 없다.

최근 어린이에게 성인병(현재는 「생활습관병」이라 한다)이 늘어나고 있듯이, 인간의 생활 스타일이 변화하면서 함께 살고 있는 개도 인간의 성인병에 해당하는 질병에 시달리고 있다.

애견의 식생활이나 운동량을 조절하는 것은 주인이다.

당연히 이와 같은 질병을 예방할 수 있는 것도 순전히 주인이 어떻게 관리하느냐에 달려 있다.

고령화가 진행되면서 노후를 질병 속에서 지내는 개가 많이 늘어났다. 최근 동물의료기술이 급속히 발전하고 있어, 일찍 적절한 치료를 받으면 완치할 수 있는 질병이 많아졌으며, 치료법의 선택도 폭이 넓어지고 있다.

질병을 미리 예방하고, 가능한 빨리 발견하여 조기에 치료할 수 있도록 노력하자.

:: 병에 걸리는 요소 · 원인 ::

[운동]

도시화된 생활 때문에 들과 산을 뛰어 달린다는 것은 좀처럼 힘든 일이다. 운동 부족은 몸이 허약해지고 질병에 잘 걸릴 수 있다.

주루룩

[식생활]

다양한 사료가 판매되고 있다. 고급사료도 있고, 식생활은 풍성해졌다. 지나치게 한쪽으로 치우친 영양은 비만의 원인이 된다.

[의료]

정기검진이나 예방접종, 필라리아 예방과 건강관리 등 세심한 것까지 신경 쓰게 되었다. 그러나 수명이 길어진 만큼 노령견들이 안고 살아가는 문제도 늘어났다.

건강한가?

[환경]

애견을 실내에서 기르는 것이 당연하게 되어 에어컨이 설치된 방에서도 지내는 경우가 있다. 때문에 기후 변화에 몸이 적응하지 못하게 되고, 저항력이 떨어진다.

종양(암)

>> 걸리기 쉬운 종양(암)

*피부암

피부에 크고 작은 몽우리가 생기고, 피부가 부풀어 오른다. 피지선에 생긴 피지선종, 피부나 점막의 세포가 암세포로 변하는 것이 편평상피암이다.
항문 주위, 귀 안쪽, 직장 등에 몽우리가 생기는 것이 선암이다.

*유방암

유방에 종양이 생긴다. 몽우리 부분이 짓무르거나 출혈을 보인다.

*복강종양(복강 : 횡격막과 골반강 사이에 있으며, 내장이 있는 장소)

복부에 있는 소화기나 간장, 신장, 난소, 자궁, 방광 등에 생기는 암의 총칭이다. 암이 생기는 장소에 따라 증상이 다르게 나타난다.

*구강종양

잇몸이나 혀, 입 속 점막에 종양이 생긴다.

*골종양

뼈에 종양이 생긴다. 다른 장기에 전위되는 경우가 자주 나타난다.

증상이 나타나는 부위에 따라 완치가 어려운 병도 있다

세포가 암세포로 변하면 악성종양이 생긴다.
피지선종, 콧구멍이나 귀에 생기는 선암(분비선 종양), 유선종양(유방암), 임파종(임파선 종양) 등이 많이 나타난다.

● 증상

몽우리나 부종, 식욕 부진과 구토, 설사 등 종양이 생기는 부위에 따라 나타나는 증상이 다르다. 개의 암 발생률은 암억제 유전자의 움직임이 약해지는 5 ~ 6살 무렵부터 높아진다고 한다.

● 예방법

유전, 노화, 호르몬, 화학물질, 자외선, 바이러스, 식생활, 스트레스 등 암을 일으키는 원인은 많으며, 예방이 불가능한 것이 현실이다.

● 치료법

암세포를 절제수술 한 후에 항암제를 투여한다. 수술이 불가능할 경우에는 약으로 통증을 가라앉히고 병의 진행을 늦춘다.

:: 놓치지 말자! 종양(암)의 신호 ::

[토한다]
반복해서 여러 번 토한다. 구토 외에도 다른 증상이 있다.

[몽우리가 생긴다]
피부에서 몽글몽글한 것이 잡히고, 부풀어 올라 있다.

[설사한다]
굶겨도 계속 설사한다.

암의 구조

암 유전자가 세포를 암세포로 변화시키려고 한다. 그 때 암억제유전자와 회복효소유전자가 활동하여 세포가 암이 되는 것을 막는다.

그러나 나이가 들면 암억제유전자, 회복효소유전자의 활동이 약해져서, 세포가 정상적으로 증식하지 못하고 암세포가 증가하여 암이 커진다.

원인은 다양한 요인이 복합되어 있지만, 화학물질이나 스트레스, 자외선 등과도 관계 있다고 한다.

눈의 병

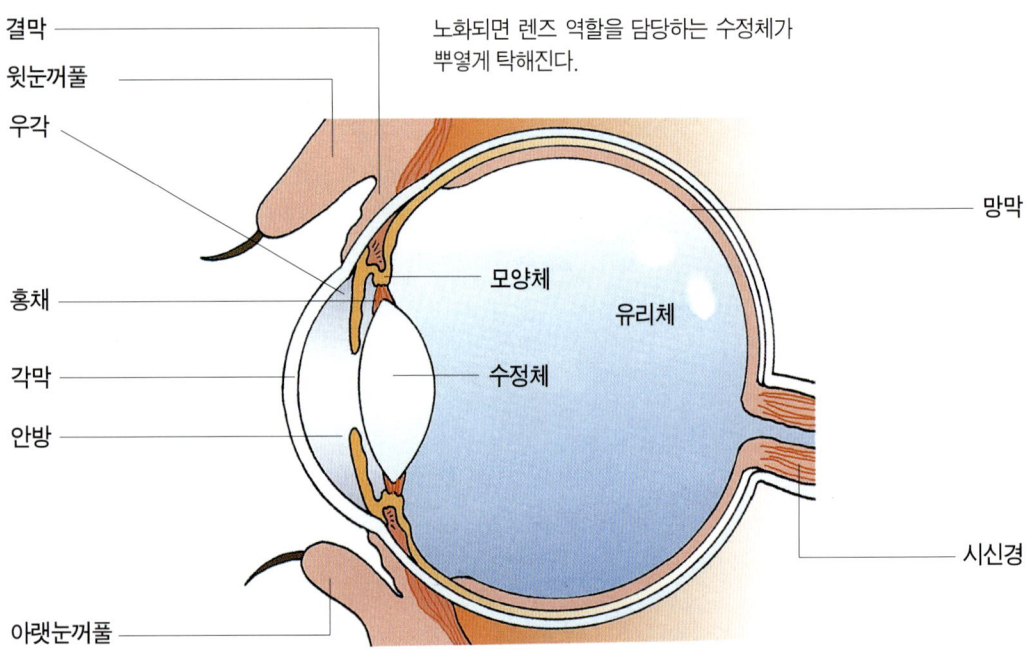

결막

윗눈꺼풀

우각

홍채

각막

안방

아랫눈꺼풀

노화되면 렌즈 역할을 담당하는 수정체가
뿌옇게 탁해진다.

모양체

유리체

수정체

망막

시신경

➕ 백내장

노화 때문에 수정체가 탁해지고, 시력이 떨어진다

노년기 백내장은 약 8살부터 증상이 나타난다. 유전이나 당뇨병, 외상 등에 의해 6살 이전에 청년기 백내장 증상이 나타나는 경우도 있다.

● 증상

동공 안쪽에 뿌옇게 된 부분이 보인다. 시력이 떨어져서 물건에 부딪히거나, 비틀거리는 경우가 많아진다.

● 예방법

노년기에 나타나는 경우에는 특별한 예방법이 없다. 청년기에는 당뇨병 등 백내장을 일으키는 질병을 예방하는 것이 중요하다.

● 치료법

탁해지는 진행을 늦추는 약을 투여한다. 심하게 혼탁하여 시력 저하가 뚜렷하게 나타날 때는 수정체를 들어내는 적출수술을 할 수도 있다.

:: 놓치지 말자! 눈의 질병 신호 ::

[눈이 빨갛다]

눈을 비비기 때문에 안구가 붉어지고 붓는다. 눈물이 나는 경우도 있다.

[간지러워서 눈을 비빈다]

눈이 간지럽기 때문에 앞발로 자주 눈을 비빈다.

굵적

굵적

알고 있자

안약을 잘 넣는 방법

둘째손가락과 엄지손가락으로 개의 눈을 벌린다. 약이 액체인 경우, 안쪽 눈 가장자리에 흐르도록 넣는다. 연고인 경우에는 아랫눈꺼풀을 잡아당겨 눈 가장자리를 따라 연고를 바른다. 윗 눈꺼풀을 눌러 덮고, 눈꺼풀 겉을 마사지하여 연고가 고루 퍼지게 한다.

잘 넣어야지

➕ **건성각막염**

각막이 건조하여 가려움증이 생긴다

각막에 염증이 생기는 질병이다.

● **증상**

가려워서 눈을 비비기 때문에 눈물이 흘러 눈 주위가 언제나 젖어 있다.

계속 진행하면 아프고, 각막이 뿌옇게 흐려지며, 눈이 빨갛게 된다.

● **예방법**

눈 주위에 털이 많은 개는 짧게 자르거나, 위로 묶어서 눈에 들어가지 않게 주의한다.

또, 공기가 건조한 겨울에는 특히 증상이 나타나기 쉬우므로 가습기 등으로 건조하지 않게 예방하자.

● **치료법**

안약을 넣는다. 눈을 자주 비빌 때에는 E카라 (얼굴을 긁거나 눈을 비비지 못하게 씌우는 기구)를 씌우는 경우도 있다.

구강 질병

>> 이도 노화한다

뒤어금니

앞어금니

혀

잇몸

송곳니

앞니

🏥 치주병

치구가 쌓여 잇몸에 염증이 생긴다

치구가 딱딱하게 굳어서 치석이 되고, 이것이 이와 잇몸 사이에 쌓이면, 틈이 깊어져 고름이 고이고, 치조농루가 진행된다.

● 증상

잇몸이 붓고, 출혈이 보이는 등 결국은 잇몸이 처져서 이가 길게 나온다. 또한, 입 냄새가 심하게 나고, 통증과 흔들거리는 이 때문에 음식을 먹는데 시간이 걸린다.

● 예방법

강아지 때부터 양치질 습관을 들여 치구가 쌓이지 않게 하는 것이 최선의 방법이다. 또한, 6개월에 1번 정도 동물병원에서 치석을 제거하는 것이 좋다.

● 치료법

치구나 치석을 제거하고, 이와 잇몸 사이의 틈새(치주 포켓)에 쌓인 고름을 제거한 후에 항생제를 먹인다.

>> 이의 구도

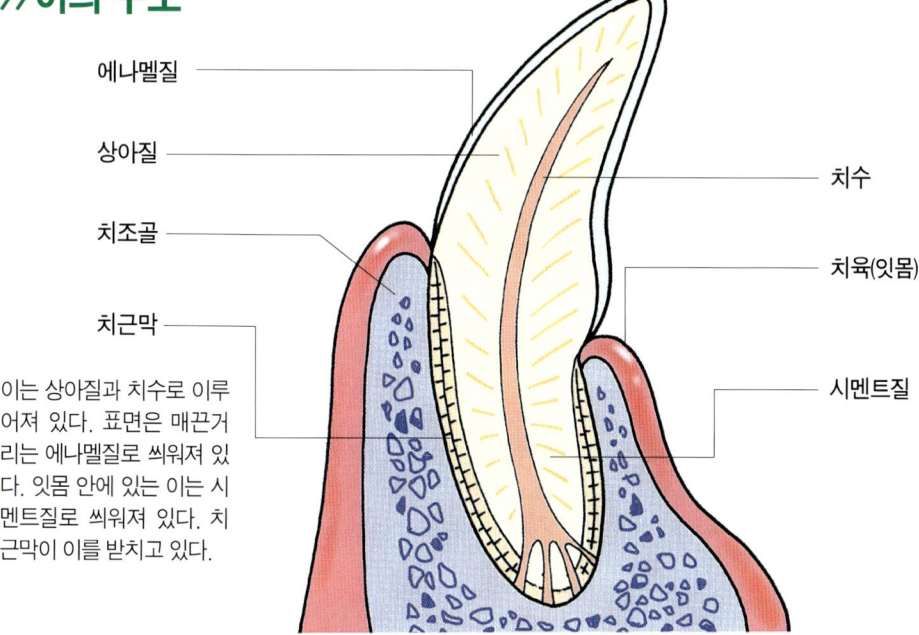

에나멜질

상아질

치조골

치근막

이는 상아질과 치수로 이루
어져 있다. 표면은 매끈거
리는 에나멜질로 씌워져 있
다. 잇몸 안에 있는 이는 시
멘트질로 씌워져 있다. 치
근막이 이를 받치고 있다.

치수

치육(잇몸)

시멘트질

>> 치주병의 진행

1

에나멜질에 치구가 붙어
치석이 되고, 잇몸에 염증
이 생겨 치육염이 된다.

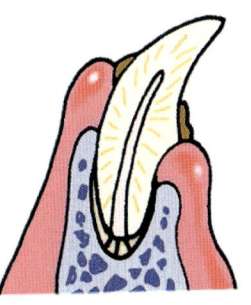

2

염증이 심해지고 잇몸이
붓는다. 출혈도 나타난다.

부은 잇몸

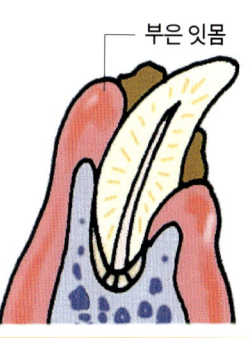

3

이와 잇몸 사이에 치석이
껴들어가 잇몸이 떨어지
고, 이와 잇몸 사이가 벌어
져 틈이 생긴다.

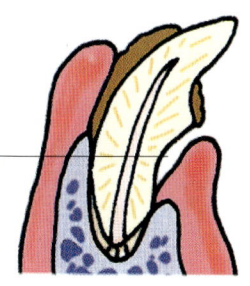

치주포켓

4

염증이 심해진다. 치근이
노출되고 치조골이 파괴
된다. 만지면 이가 흔들리
다가 결국은 빠진다.

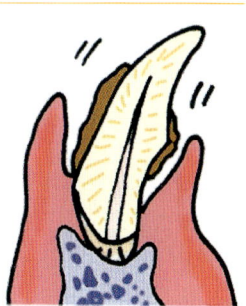

코의 질병

후각이 발달한 개도 나이가 들면
그 능력이 점점 쇠퇴한다.

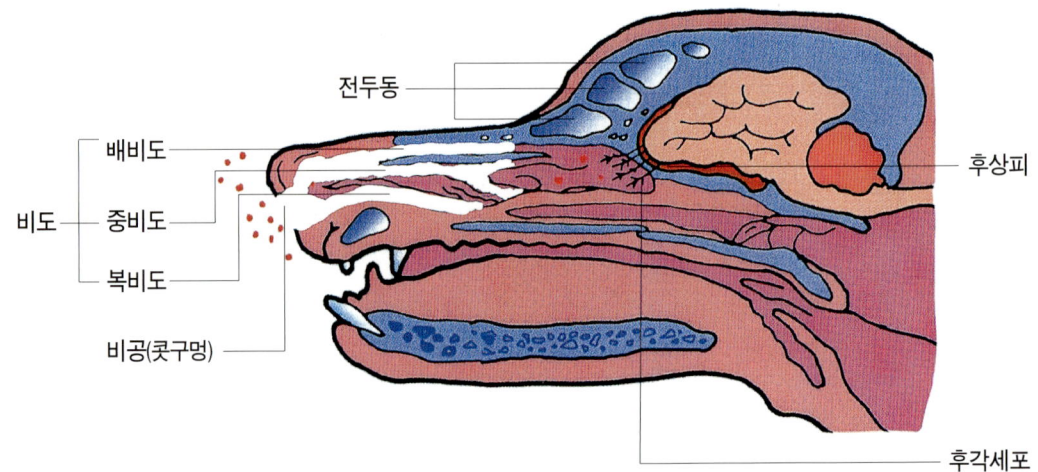

전두동

배비도

비도   중비도

복비도

비공(콧구멍)

후상피

후각세포

✚ 선암

코 내부에 종양이 생기는 것이 원인

비강(콧구멍)에 악성종양이 생겨 종양이 커지면서 내부가 허는 피부암의 일종이다.

●증상

콧구멍 안쪽에 몽우리가 생겨 콧물의 양이 많아진다. 심해지면 고름 같은 콧물이 나오거나 출혈을 보인다. 개는 코에 신경이 쓰여 자주 앞발로 코를 긁는다.

●예방법

특별한 방법이 없다. 올바른 식생활, 규칙적인 생활로 스트레스를 받지 않게 한다.

●치료법

종양이 작으면 환부의 중심부를 절제하는 수술을 한다. 종양이 크고 넓게 퍼졌거나, 다른 부위로 전위되었을 경우에는 방사선 치료나 항암제 투여로 치료한다.

:: 놓치지 말자! 코의 질병 신호 ::

[콧물]

콧물에 피가 섞여 나오는 경우가 있다.

[재채기]

몇 번이고 재채기를 한다.

개의 후각은 인간의 100만 배

개의 후각은 경찰수사에 이용될 정도로 매우 뛰어나다. 후각세포의 수는 인간의 50 ~ 600배나 된다. 개의 긴 코 안쪽에는 동공이 있어, 코 점막의 표면적을 크게 하여 들이마신 공기의 냄새를 분석한다.

✚ 진균성 비염

세균 감염으로 코 점막에 염증이 생긴다

● 증상

물과 같은 콧물이 흐르거나 재채기를 한다. 심해지면 고름 같은 콧물이 나오기도 하고, 콧물에 피가 섞인 경우도 있다.

비염이 진행되면 부비강에도 염증이 생겨 부비강염이 된다. 코가 심하게 막히고, 호흡곤란도 일어난다.

부비강 안쪽이 곪아 고름이 쌓이면 축농증이 된다. 만성이 될 수 있으므로 비염 증상이 있으면 곧바로 동물병원에서 진찰을 받는다.

● 예방법

특별한 방법이 없다.

● 치료법

증상이 가벼우면 염증을 가라앉히는 항염제나 항생물질을 투여한다. 며칠 내로 가라앉는다.

호흡기의 질병

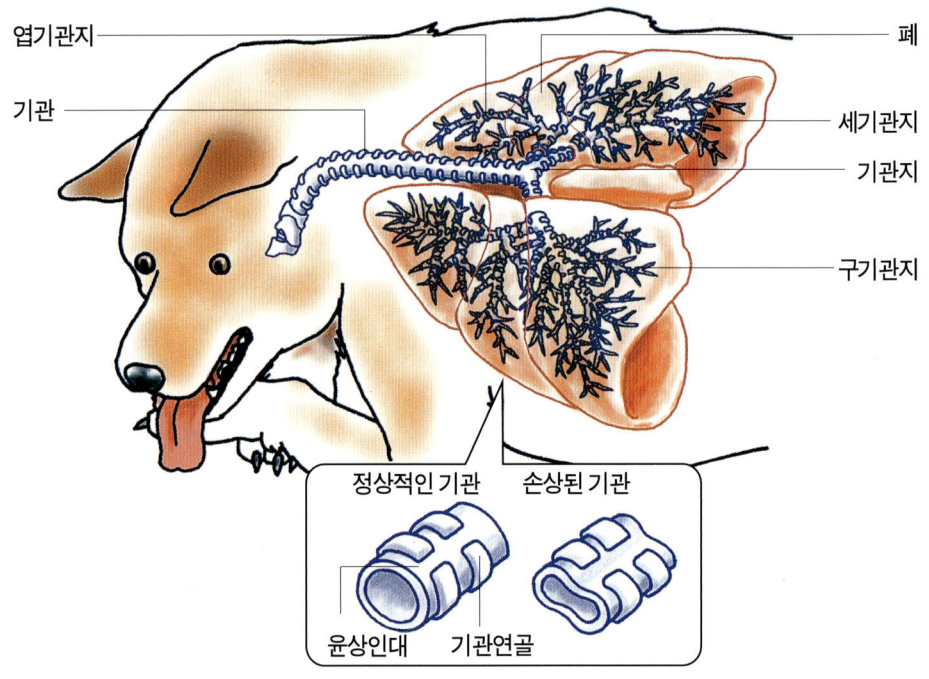

엽기관지
기관
폐
세기관지
기관지
구기관지

정상적인 기관　손상된 기관

윤상인대　기관연골

✚ 기관허탈

기관이 손상되어 호흡하기 힘들어진다

● 증상

만성적인 기침과 운동 후나 흥분한 후에 헥—
헥—, 하— 하— 하며 거친 숨을 쉬고, 호흡곤란
으로 발작을 일으킨다.

증상이 심해지면 발작 시간이 길어지고, 산소 부
족으로 혀나 잇몸이 갈색으로 변하기도 한다.

● 예방법

증상이 나타나는 것은 유전이나 노화, 비만 등

과 관계 있다고 한다. 지나치게 살이 찌는 것을
막고, 특히 발작이 일어나기 쉬운 여름철 뜨거운
날씨에는 시원하게 지낼 수 있는 환경을 만들어
주는 것이 중요하다.

● 치료법

중증인 경우에는 수술도 한다. 중증이 아니면
기관지확장제, 진정제, 항염제, 강심제 등으로 증
상을 완화시킨다.

✚ 폐렴

바이러스나 세균에 감염되어 폐에 염증을 일으킨다

폐에 염증이 생긴다. 원인은 바이러스, 세균, 기생충 감염 등이다.

가스나 약품을 흡입하여 일으킬 수도 있다.

● 증상

기침을 한다. 심해지면 토하는 경우도 있다. 헥 ― 헥 ― 하며 고통스럽게 호흡한다.

열이 나면 운동이나 음식을 싫어하고, 몸을 옆으로 누일 수조차 없게 된다.

● 예방법

주위를 깨끗하게 관리하여 바이러스나 세균, 기생충에 감염되지 않게 한다.

체력이 약해지면 감염되기 쉬우므로 음식이나 휴식을 충분히 갖는다.

● 치료법

염증을 가라앉히는 항생제를 사용한다.

:: 놓치지 말자! 호흡기의 질병 신호 ::

[숨이 거칠다] 운동한 후도 아닌데 숨이 거칠다. 헥 ― 헥 ― 하면서 숨을 쉰다.

[기침한다] 조용히 옆으로 누워 있어도 기침이 나온다. 몇 번이고 반복해서 기침한다.

[호흡이 곤란해진다]

호흡하는 것이 힘들어진다. 몸을 둥글게 말아서 웅크린다.

심장의 질병

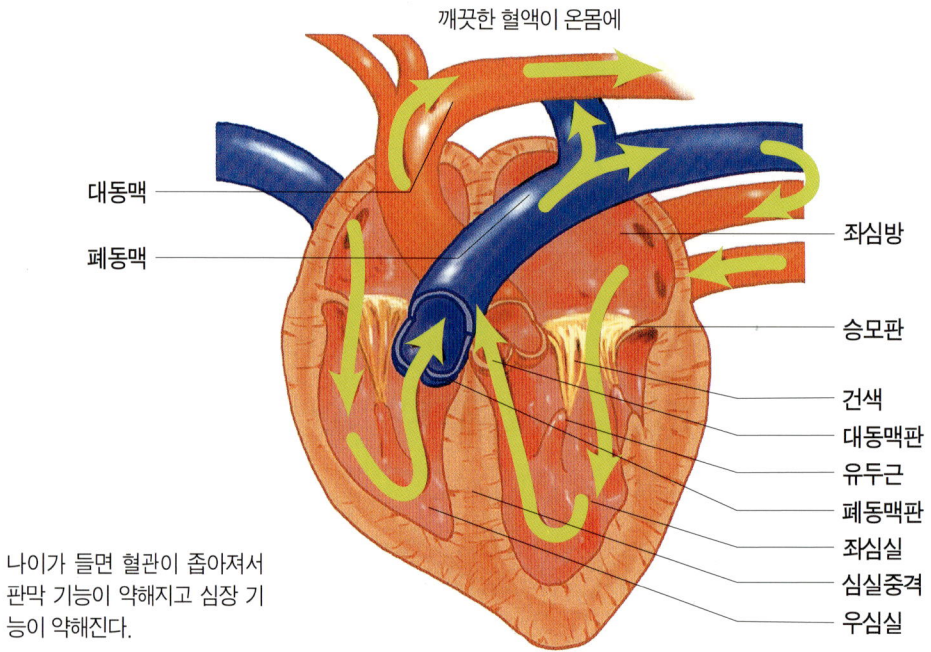

깨끗한 혈액이 온몸에

대동맥

폐동맥

좌심방

승모판

건색

대동맥판

유두근

폐동맥판

좌심실

심실중격

우심실

나이가 들면 혈관이 좁아져서 판막 기능이 약해지고 심장 기능이 약해진다.

 심부전

혈액을 온몸에 보내는 심장 기능이 약해진다

● 증상

좌심실 또는 좌심방의 기능이 약해지면 온몸에 혈액을 보내는 것이 늦어져 폐에 물이 차게 된다. 때문에 호흡 곤란으로 기침이 심해진다.

좌심실과 좌심방의 기능이 약해지면 배와 다리가 붓고, 간이 붓는 증상이 나타난다.

● 예방법

특별한 방법이 없으며, 일찍 발견하기 위해 아침 저녁으로 애견을 살펴서 기침하거나 산책 중에 헐떡이는 증상 등을 보이면 곧바로 병원에서 검사를 받는 것이 중요하다.

● 치료법

강심제 외의 약을 이용하여 심장기능을 강화한다. 이뇨제로 붓기를 빼고, 혈관확장제로 혈관을 넓혀 혈액의 흐름을 원활하게 한다.

✚ 승모판 폐쇄부전증

승모판이 정상적으로 닫혀 있지 않아 혈액이 역류한다

● 증상

온몸에 보내지는 혈액이 적어져서 운동을 조금만 해도 숨이 차다.

폐에 물이 차면 헥 — 헥 — 하고 고통스럽게 기침을 한다. 밤부터 아침까지 기침이 심해진다.

● 예방법

심장 부담을 줄이기 위해 운동을 줄이고 급격한 온도 변화를 피하는 등 일상에 신경을 쓴다.

● 치료법

심장기능을 강화하기 위해 여러 가지 약을 사용한다. 심장 부담을 줄이기 위해 이뇨제를 써서 심장으로 흘러 들어오는 혈액의 양을 줄인다.

또한, 혈관확장제로 혈관을 넓혀 혈액의 흐름을 원활하게 한다.

알고 있자

심장에 부담을 주지 않는 생활

애견의 생활환경을 바꾸어 보자. 늘 지내는 장소가 너무 덥거나 너무 춥지 않은지? 계단이나 마루가 미끄럽지 않은지? 심한 운동을 강요하지 않는지?
이런 것들을 체크하여 애견에게 편하고 안정된 환경을 만들어 주자.

:: 놓치지 말자! 심장의 질병 신호 ::

심장병으로 심장 기능이 약해지면 호흡 곤란, 기침, 부종 등의 증세가 나타난다.

[헐떡인다]
양다리로 버티면서 헐떡이듯 숨을 쉰다.

[호흡 곤란]
가벼운 운동에도 호흡 곤란이 온다.

[기침한다]

[부어오른다] 배와 다리가 붓는다.

[식욕부진 · 설사]
식욕부진과 설사가 나타난다.

43

간장의 질병

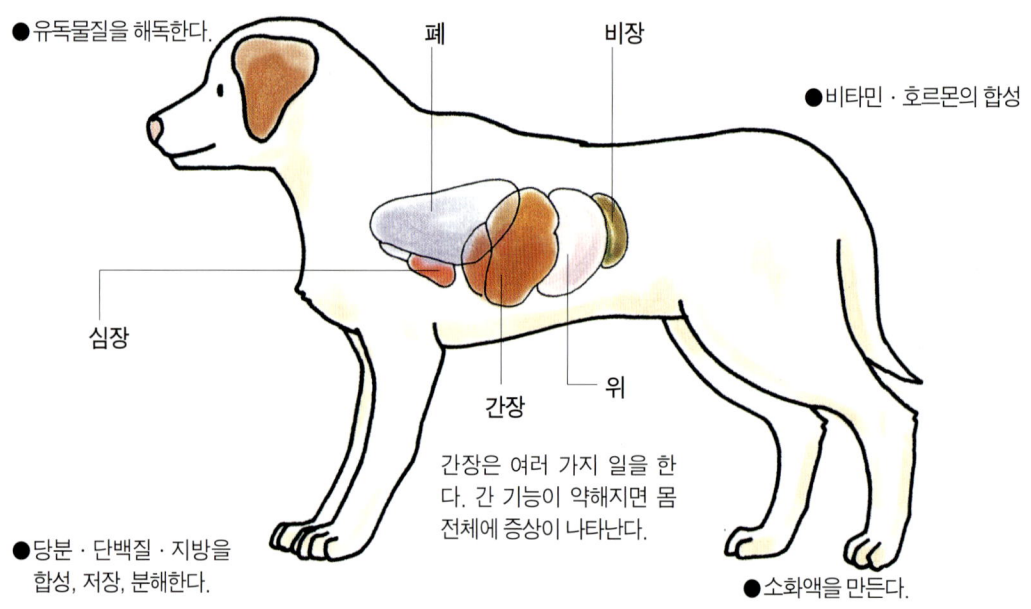

●유독물질을 해독한다.

폐

비장

●비타민 · 호르몬의 합성

심장

간장

위

간장은 여러 가지 일을 한
다. 간 기능이 약해지면 몸
전체에 증상이 나타난다.

●당분 · 단백질 · 지방을
합성, 저장, 분해한다.

●소화액을 만든다.

➕ 간염

간세포가 손상되어 염증이 생긴다

심한 증상이 나타나는 급성과 증상이 겉으로 잘 나타나지 않는 만성이 있다. 화학물질 · 진통제 · 마취제 · 호르몬제 등 약물에 의한 영향, 바이러스나 세균, 기생충 등이 원인일 수 있다.

● 증상

급성인 경우에는 구토와 설사를 반복하고, 황달 증상이 나타난다. 만성인 경우에는 식욕이 떨어지고 기운이 없다. 증상이 심해지면 간경변이 되기도 하고, 최악의 경우에는 죽을 수도 있다.

● 예방법

화학물질이나 약물의 영향으로 나타나는 경우가 많으므로 그것들을 사용할 때는 주의가 필요하다.

● 치료법

안정을 취하고 간에 영양을 공급하는 식이요법을 한다.

그냥 내버려두면 간경변이 될 수 있으므로 정기적으로 검진을 받는다.

:: 놓치지 말자! 간장의 질병 신호 ::

[구토]

눈의 흰자위가 노랗게 되고, 여러 번 구토를 반복한다.

[설사·혈변]

설사를 자주한다. 혈변이 나오기도 한다.

✚ 간경변

만성간염이 원인이 되어 나타난다. 간장이 손상되고, 간 기능이 뚜렷하게 떨어진다.

간염으로 간세포가 상하면 간장에 섬유조직이 증식하여 변질된다.

● **증상**

왠지 모르게 기운이 떨어진다. 점점 마른다. 심해지면 식욕이 없어지고, 복수가 차서 배가 부어오르고, 황달증세가 나타난다.

● **예방법**

간염을 초기에 발견하여 더이상 심해지지 않도록 치료한다.

● **치료법**

완치할 수는 없다. 증상을 완화시키거나 진행을 늦추는 치료를 한다.

당분이나 비타민이 풍부한 영양가 높은 음식을 먹이고 안정을 유지한다.

알고 있자

간장에 부담을 주지 않는 생활

세균과 기생충·바이러스를 예방하기 위해서 애견 주위의 생활환경을 깨끗하게 관리한다. 예방접종, 기생충 구제 등을 정기적으로 실시한다.

또한, 폭음과 폭식은 간장을 손상시키므로 알맞은 음식을 주도록 신경 쓴다.

비뇨기의 질병

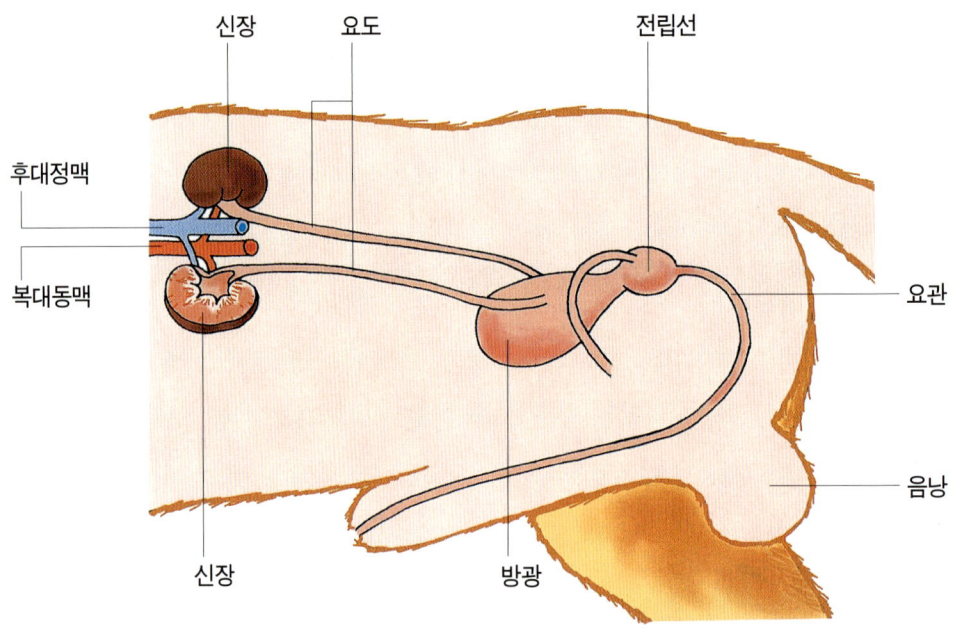

신장 요도 전립선

후대정맥

복대동맥

요관

음낭

신장 방광

✚ 신장염

소변을 배설하는 기능이 떨어진다

세균 또는 바이러스의 감염 때문에 생기는 급성 신장염과 염증이 오래 계속되어 만성화한 만성 신장염이 있다.

● 증상

급성인 경우에는 소변의 양이 줄고, 소변색이 진해지며, 때때로 혈뇨가 나오는 경우도 있다. 또한, 몸이 붓고 통증 때문에 신장 주변 부위에 손대는 것을 싫어한다. 만성인 경우에는 증상이 눈에 띄지 않는 것이 특징이다.

● 예방법

증상이 잘 나타나지 않는 만성 신장염은 정기적인 소변검사를, 급성 신장염은 혼합백신을 접종 하는 것이 중요하다.

● 치료법

수분과 영양을 보충하는 점적(點滴)주사나 염분을 제한한 식이요법을 한다. 중증일 경우에는 인공투석이 필요한 경우도 있다.

✚ 요로결석증

신장 · 요관 · 방광 · 요도 등에 결석이 생긴다

방광에 생긴 결석이 요도로 내려가 막히면 배뇨가 불가능해지는 경우도 있다.

● 증상

소변 보는 자세를 하는데 소변이 나오지 않고, 소변 볼 때 힘들어하는 증상이 나타난다. 방광에 생긴 돌이 커질수록 소변 볼 때 고통이 커진다.

● 예방법

특별한 방법이 없다.

● 치료법

돌이 아직 모래처럼 작은 입자일 때에는 돌을 녹이는 내복약으로 치료할 수 있다.

돌이 커지면 방광에 칼을 대는 외과수술로 꺼낼 수밖에 없다.

또한, 요도에 낀 돌도 전부 제거해야 한다.

요도결석	방광결석	요관결석	신장결석
요도에 결석이 생긴다. 개한테 자주 나타난다.	방광에 결석이 생긴다. 개한테 자주 나타난다.	요관에 결석이 생긴다. 개한테는 그다지 잘 생기지 않는다.	신장에 결석이 생긴다. 개한테는 그다지 잘 생기지 않는다.

:: 놓치지 말자! 비뇨기의 질병 신호 ::

[혈뇨가 나온다]

결석이 요로를 손상시켜 출혈한다.

[소변 보는 게 고통스럽다]

소변을 볼 때 결석이 요도를 자극하므로 통증을 느낀다.

[몸이 붓는다]

소변을 원활하게 배설하지 못해 몸이 붓는다.

생식기의 질병

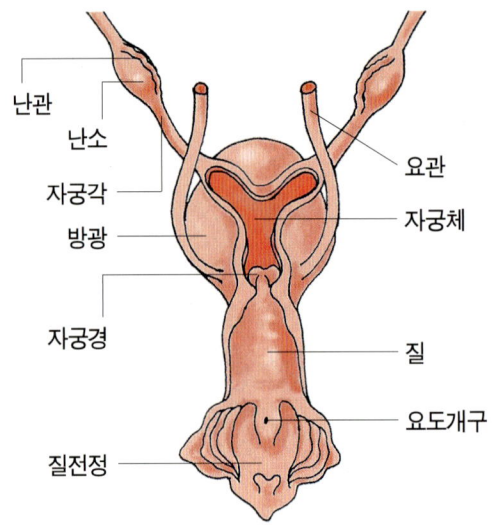

난관
난소
자궁각
방광
자궁경
질전정

요관
자궁체
질
요도개구

✚ 유선종양

암캐의 유선에 생기는 종양(암)

● 증상

유두 근처에 작고 딱딱한 몽우리가 생긴다. 진행하면 빠른 속도로 커져서 파열되고 분비물에서 악취가 난다. 다른 장기로 전위될 수도 있다.

● 예방법

발정을 경험하지 않았을 때 난소 적출수술로 증상이 나타나는 확률을 줄일 수 있다. 몽우리가 생겨도 개는 통증을 느끼지 못하므로 주인이 자주 만져서 체크하는 것이 조기 발견에 도움이 된다.

● 치료법

환부 절제수술을 한다.

✚ 자궁축농증

세균 감염으로 암캐의 자궁에 고름이 쌓인다

발정기에는 자궁경관이 열려 있기 때문에 세균이 침투하기 쉽고, 발정기 후에는 경관이 닫히기 때문에 자궁 내부에서 세균이 증식하여 고름이 쌓인다. 심해지면 사망할 위험도 있다. 5~7살이 넘은 임신·출산 경험이 없는 개, 오랫동안 교미하지 않은 개는 걸리기 쉽다고 한다.

● 증상

발정기가 끝나고 2~3개월 후에 물을 많이 마시고, 소변양도 많아지며, 외음부가 붓고, 배가 붓는 증상이 나타난다.

● 예방법

번식하지 않겠다는 결정을 내리면 피임수술을 하는 것도 하나의 방법이다.

● 치료법

기본적으로는 재발 방지를 위해 자궁, 난소, 자궁경관의 적출수술을 한다. 임신·출산을 원할 경우에는 수술하지 않고, 항생제나 항균제를 투여하지만 재발할 수도 있다.

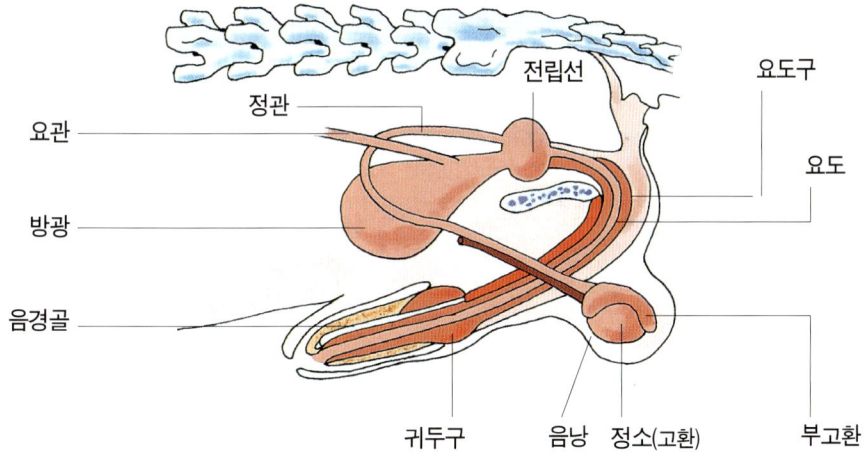

요관

방광

음경골

정관

전립선

요도구

요도

귀두구   음낭   정소(고환)   부고환

✚ 전립선 비대

호르몬 균형이 깨져서 수캐의 전립선이 비대해진다

비대해지는 그 자체 때문에 증상이 나타나지는 않지만, 비대해진 전립선이 주위 장기를 압박하여 여러 영양을 미친다.

● **증상**

비대해진 전립선이 장이나 방광, 요도를 압박하여 자주 배변 자세를 취해도 대변이 나오지 않고, 소변도 잘 나오지 않고 조금씩 흘리는 등의 증상이 나타난다.

● **예방법**

거세수술을 받으면 예방할 수 있다.

● **치료법**

증상이 심하지 않으면 내복약이나 식이요법으로 치료한다. 비대해지는 것이 진행되고 있을 경우에는 적출수술을 한다.

알고 있자

피임수술은 고령이라도 가능한가?

피임수술은 성적으로 성숙해질 때 하는 것이 일반적이다.

나이가 들면 마취나 수술이 부담되어 체력적으로 견딜 수 없게 된다. 그 결과 몸이 상해 나빠지므로, 피임수술은 가능한 체력이 있는 시기에 하는 것이 좋다

49

뼈의 질병

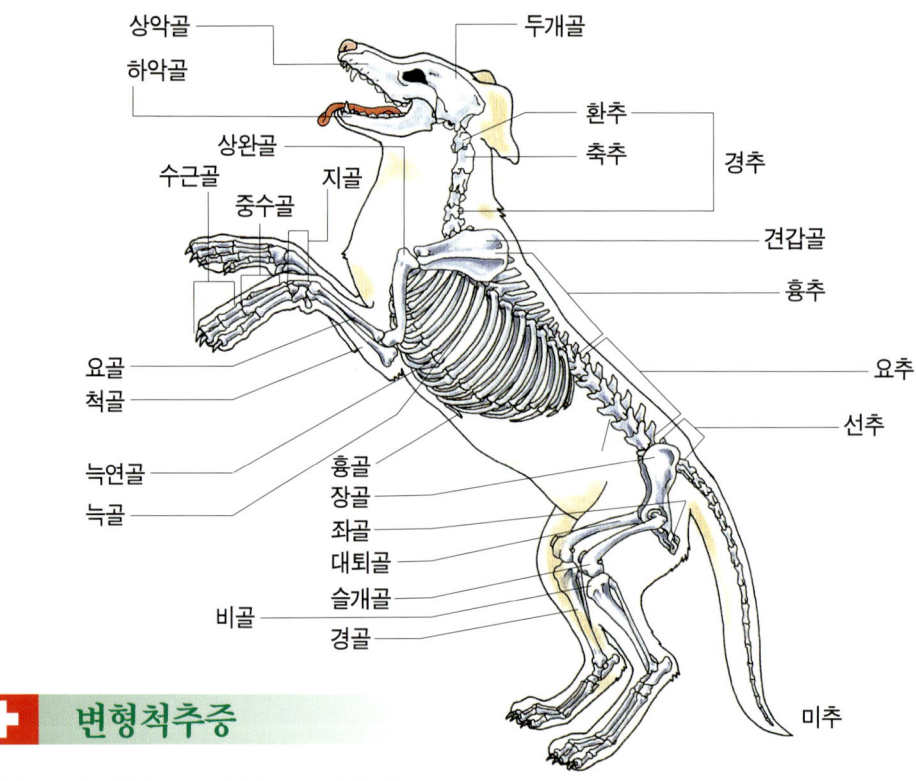

상악골
하악골
상완골
수근골
중수골
지골
두개골
환추
축추
경추
견갑골
흉추
요골
척골
늑연골
늑골
흉골
장골
좌골
대퇴골
슬개골
경골
비골
요추
선추
미추

✚ 변형척추증

노화 등의 원인으로 척추가 변형된다

신경을 자극하여 통증·마비·보행장애 등을 일으키는 질병이다.

● 증상

일어서기 힘들거나, 걸을 때 뒷발을 질질 끌면서 걷는다. 너클링 오버(knuckling over)라 하여 발바닥 쿠션이 위로 향하게 발목이 구부러져도 스스로 원상태로 되돌리지 못한다.

추간판 헤르니아에서도 같은 증상이 나타나지만, 변형척추증은 그 증상이 늙어서 나타난다는 것이 차이점이다.

● 예방법

특별한 방법이 없다.

● 치료법

증상이 나타났을 때부터 24시간 안에 치료(투약)하면 완치할 수 있다. 그 시간에 치료하지 못할 경우에는 외과적인 치료가 필요하다.

➕ 류마티스

면역 이상으로 발목이나 발가락 등의 관절에 변형이 생긴다

만성 관절류마티스는 진행성으로 완치 가능성은 없다고 한다.

● 증상

기운이 없고, 통증 때문에 발을 들고 있으며, 관절을 만지면 고통스러워 하고, 관절이 붓는 등의 증상이 나타난다.

● 예방법

특별한 방법이 없다. 유전적인 요소가 많다.

● 치료법

운동을 제한하고, 진통소염제 등을 투여한다. 변형이 시작된 후에는 정형외과에서 치료하는 경우도 있다.

:: 놓치지 말자! 뼈·관절의 질병 신호 ::

[뒷발을 질질 끈다]

똑바로 서지 못하므로 발을 질질 끌듯이 걷는다.

[일어서기 힘들다]

관절이 아파서 일어서는 것을 싫어한다

[발을 들고 걷는다]

발을 디디면 아파서 아픈 발을 들고 걷는다.

알고 있자

칼슘 보충은 필요한가?

매번 음식에 칼슘제를 넣을 필요는 없다. 칼슘, 비타민, 인 등이 골고루 든 균형 잡힌 음식이 필요하다.
무턱대고 칼슘만 준다고 해서 뼈가 튼튼해지는 것은 아니다.

위장의 질병

✚ 위염

위 점막에 염증이 생긴다

갑작스럽게 진행되는 것이 급성 위염이며, 만성적으로 진행되는 것이 만성 위염이다.

과식하거나, 상한 음식을 먹거나, 이물질을 삼키거나, 감염증, 음식 알레르기 등이 원인이 되어 생긴다.

● 증상

계속 토해서, 탈수현상을 일으키기도 한다. 눈이 들어가거나 피부가 처진다. 위가 아파서 등을 둥글게 구부리고, 배를 만지면 싫어한다.

● 예방법

오래된 음식은 주지 말고, 먹다 남은 음식은 바로 치운다.

● 치료법

음식을 주지 않으면서 상태를 지켜본다. 감염증이 원인이면 그에 맞는 치료를 하는데, 원인에 따라 치료방법이 달라진다.

✚ 장폐색

장이 막히는 것이 원인이다

장이나 장 주변에 생긴 종양이 장을 압박하여 장폐색이 된다. 또한, 장을 수술한 후 다른 장기와 유착되었을 때도 나타난다.

● 증상

배가 부어오르고 아파한다. 자주 토하려고 한다. 배가 부어오르는 것은 위나 장에 가스가 차기 때문이다.

장에 구멍이 생기면 심한 복통을 일으킨다. 개는 배를 감싸 안고 등을 둥글게 구부린다.

● 예방법

이물질을 먹지 않도록 주의한다.

● 치료법

수술로 장을 막고 있던 원인 물질을 제거한다.

 알고 있자

위에 부담주지 않는 음식

위에 부담을 주는 음식을 계속 먹으면 위궤양에 걸리기 쉽다. 나이가 들면 위장 기능이 약해진다.
폭음과 폭식을 절제하고, 소화가 잘 되는 음식을 준다.

알아야 할
노령견이 걸리기
쉬운 질병

피부병

농피증

면역력이 약해지고, 세균이 침투하기 쉬워져 염증이 생긴다

피부에 상처가 났거나, 모기 물린 자리에 증상이 나타날 수 있다.

● 증상

심한 가려움 때문에 입으로 물거나, 핥거나, 긁는다. 그 부위부터 털이 빠진다.

● 예방법

몸을 청결하게 유지한다. 매일 빗질로 털 사이를 환기시켜 습기가 차지 않게 한다.

● 치료법

약제 샴푸로 치료한다. 그 외 항생제, 마시는 약, 바르는 약 등을 사용한다.

피부진균증

진균 때문에 생긴다

진균(곰팡이)에 감염된 개와 접촉하거나, 공기 중에 떠다니는 진균포자에 의해 감염된다.

● 증상

털이 빠진다. 원형 탈모가 특징이다. 심해지면 원형이 점점 커진다.

● 예방법

감염을 방지하기 위해서는 무리하게 밖으로 데리고 나가지 않는다.

● 치료법

약품 복용을 시킨다. 완전히 치료될 때까지는 시간이 걸린다. 바르는 약, 항생제를 사용하기도 한다.

알고 있자

나이가 들면 피부색이 퇴색한다

나이가 들면 털이 하얗게 변한다. 멜라닌 색소가 없어지기 때문이다. 피부도 탄력이 없어지고, 눈과 입, 코 주변이 하얗게 된다.

이것은 신진대사가 떨어져서 새로운 색소나 피부를 재생시킬 수 없기 때문이다.

기생충 질병

에키노코커스(echinococcus)

「에키노코커스」라는 포충이 기생하여 생긴다

소장에 기생하여 질병을 일으킨다. 단포조충과 다포조충이 있다.

● 증상

특별한 증상은 없다. 기생충의 수가 증가하면 소화장애 등을 일으킨다.

● 예방법

개·고양이 등의 배설물에 가까이하지 않는다.

● 치료법

구충약을 사용한다. 기생충의 수가 많으면 생명에 지장을 줄 수도 있다. 사람에게도 감염될 수 있으므로 배설물을 처리할 때 주의한다.

>> 기타 기생충의 질병

기생해도 증상이 나타나지 않는 기생충이나 필라리아 예방약으로 없어지는 기생충이 많다.

회충증	개의 배설물에 들어 있는 회충알을 먹어 감염된다. 많은 수가 기생하면 식욕부진, 설사, 구토를 일으킨다. 구충약을 먹여 치료한다.
편충증	편충에 감염된 개의 배설물에 들어 있는 편충알을 먹어 감염된다. 털의 상태가 나빠지거나, 빈혈을 일으키기도 한다. 구충약으로 없앤다.
구충증	흙 속에서 부화한 감염유충이 개의 입으로 들어가 감염된다. 소장에 기생하며 피를 빨아먹는다. 빈혈, 설사, 털의 윤기가 나빠진다. 구충약으로 없앤다.
촌충증	개촌충은 벼룩의 체내에서 부화한다. 그 벼룩을 개가 먹어서 감염된다. 소장에 기생하며 성충이 된다. 영양분을 빼앗기기 때문에 털의 윤기가 나빠지고, 마르며, 설사, 식욕부진 등이 생긴다. 구충약으로 없앤다.
지아르디아증(람블편모충증)	원충 지아르디아의 알이 개 입으로 들어가 감염된다. 장 점막에 기생하며 영양분을 흡수한다. 설사나 영양장애를 일으킨다. 구충약으로 없앤다.
바베스열원충증	진드기가 개의 몸에 붙어 피를 빨 때에 진드기 체내에 서식하는 원충 바베시아가 개의 체내로 들어간다. 적혈구를 파괴하므로 빈혈이나 발열, 피가 소변에 섞여 나오는 등의 증상이 나타난다. 항원충약으로 없앤다.

알아야 할
노령견이 걸리기
쉬운 질병

감염증

🏥 디스템퍼(개홍역)

디스템터 바이러스에 의한 감염증이다

감염된 개의 재채기로 감염되는 비말(파편)감염, 브러시나 그릇을 통해 감염되는 간접감염, 감염된 개의 입이나 코와 접촉하여 감염되는 직접감염 등이 있다.

● 증상

발열, 식욕부진 등이 나타나며 감기와 같은 증세를 보인다. 초기 증상 후에 열이 나고 온몸에 이상이 나타난다.

● 예방법

백신을 1년에 1회 접종한다. 감염된 개와 접촉을 피한다.

● 치료법

감염 사실을 알게 되면 병원에 입원시킨다.

🏥 켄넬코프

감염된 개의 기침으로 옮긴다

세균이나 바이러스, 미생물이 감염 원인이다.

● 증상

마른 기침을 한다. 기온이 갑작스럽게 변화할 때는 발작하듯 심하게 기침을 계속 한다.

● 예방법

혼합백신 예방접종을 1년에 1번 반드시 한다.

● 치료법

세균이나 미생물이 원인인 경우에는 항생물질로 치료한다. 바이러스가 원인인 경우에는 항생물질이 효과가 없으므로 기침 증상을 사라앉히는 약을 사용한다.

알고 있자

예방 접종

혼합백신 5종	디스템퍼, 전염성후두기관염, 전염성간염, 켄넬코프(파라인플루엔자), 파보바이러스 감염증
혼합백신 7종	렙토스피라증(카니코라형), 렙토스피라증(헤모라지증), 디스템퍼, 전염성후두기관염, 전염성간염, 켄넬코프(파라인플루엔자), 파보바이러스 감염증
혼합백신 8종	코로나바이러스 감염증, 렙토스피라증(카니코라형), 렙토스피라증(헤모라지증), 디스템퍼, 전염성후두기관염, 전염성간염, 켄넬코프(파라인플루엔자), 파보바이러스 감염증

생활습관병

 고혈압

만성적으로 고혈압 상태가 지속된다

동맥경화나 심근경색, 협심증, 뇌경색 등으로 고혈압이 생길 수 있다. 또한, 고혈압으로 이와 같은 질병이 발생하는 경우도 있다.

● 증상

혈압이 항상 높은 상태다. 겉으로 보아서는 알 수 없다.

● 예방법

염분이 들어 있는 음식을 지나치게 주지 않도록 주의한다.

● 치료법

약을 먹거나 식이요법으로 나아질 수 있다. 살을 빼는 것도 효과적이다.

심근경색

심장의 관상동맥 줄기가 막히고, 심장 근육이 파괴된다. 가슴 통증, 혈압 저하, 쇼크 상태 등이 나타난다.

동맥경화

동맥의 벽이 두꺼워지거나, 단단해져서 혈액의 흐름을 방해하기 때문에 나타난다. 이를테면, 동맥 노화현상이라고 말할 수 있다. 두통이나 현기증을 일으킨다. 뇌의 동맥경화는 뇌경색을 일으키며, 심장부의 동맥경화는 협심증이나 심근경색을 일으킨다.

뇌경색

뇌의 동맥이 막혀 그 부분의 뇌 조직이 파괴되어 일어난다. 발생 부위에 따라 증상이 다르게 나타난다. 발저림, 요실금, 운동장애 등이 나타난다.

협심증

심장의 관상동맥에서 혈액이 충분히 흐르지 않으면 가슴이 죄어오는 듯한 통증이 일어난다. 발작이 반복해서 나타나면 심근경색이 된다.

콰당

✚ 당뇨병

인슐린 분비가 나빠지고, 당의 대사가 이루어지지 않는다

음식에서 섭취한 포도당을 에너지로 바꾸는 인슐린(췌장에서 분비하는 호르몬)의 분비와 활동의 저하로 혈액 중 당이 비정상적으로 많이 증가하여 소변과 함께 배설되는 질병이다.

노령견은 호르몬 분비가 비정상적이기 때문에 인슐린의 분비가 나빠져서 당 대사를 할 수 없게 된다.

● 증상

당이 에너지로 바뀌지 않기 때문에 음식을 먹어도 야위어 간다. 또한, 많은 양의 물을 마시며,

많은 양의 소변을 보는 것도 특징이다. 심해지면 백내장이나 신장염 등이 나타난다.

● 예방법

과식을 피하고 적당한 운동과, 정기적인 혈액 검사로 혈당치를 체크한다.

또한, 비만이 되지 않도록 음식 관리를 한다.

● 치료법

인슐린을 주사로 보충하는 치료와 칼로리 섭취를 제한하는 식이요법을 병행한다.

〉〉개선하자! 운동 부족, 과식

[운동 부족]

운동 부족으로 인한 비만은 당뇨병을 일으킨다. 노령견이라고 해서 집에만 있게 해서는 안 된다.
몸 상태가 좋을 때에는 적당한 운동을 시키자.

[과식]

나이가 들었는데도 예전과 같은 양의 음식을 주면 비만이 된다. 나이에 맞는 적당한 음식량을 먹도록 식사 관리를 하자.

문제 행동과 신경계통의 질병

개의 장수화(고령화)에 따른 신체적인 질병뿐만 아니라, 뇌와 신경계통의 노화가 원인이 되어 정신적인 질병도 두드러지게 나타난다.

이들 질병은 치료 방법이나 대처 방법에 한계가 있으며, 주인에게는 간병의 부담이 큰 질병이다.

큰 소리로 계속 울거나, 자해하는 듯한 문제행동을 계속 반복하는 개와 함께 생활하는 것은 몸과 마음이 매우 힘들어진다.

그래도 정성스럽게 애정을 갖고 보살피면 개는 반드시 회복할 것이다.

문제 행동은 나쁜 것인가?

「문제 행동」이라고 흔히 말하지만, 애견 그 자체가 안 좋거나 문제가 있는 것은 아니다.

개가 한 행동이 사람과 함께 하는 공동생활에 문제를 일으키는 것이다.

개가 소변을 봐도 주인이 처리하여 그 누구도 불편해하지 않으면 그것은 문제행동이라 할 수 없다. 개와의 관계나 주위 환경을 고려하여, 무엇이 문제인가를 생각해 보자.

알아야 할
노령견이 걸리기
쉬운 질병

치매

[머리를 비스듬히 기울이고 걷는다]

[빙빙 도는 행동을 계속한다]

[주인과 집을 잊어버린다]

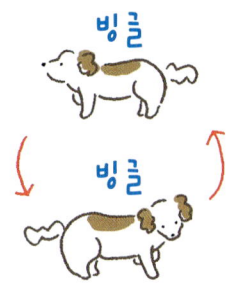

빙글

빙글

[큰소리로 계속 짖는다]

[몇 시간이고 머리를 벽 등에 들이대면서 부딪힌다]

콩!!

치매에 걸릴 가능성은 어느 개한테나 있다

치매를 완전히 치료하는 것은 불가능하다. 치매에 걸린 개와 어떻게 어울려서 함께 지내야 하는지를 생각해 보자.

● **대처 방법**

의미가 없는 알 수 없는 행동을 하는 것은 뇌의 노화가 원인이므로 치료하면서 상태를 지켜볼 수밖에 없다.

머리에 상처가 날 정도로 벽에 부딪히거나, 도저히 볼 수 없을 정도로 지나치게 행동하면 실내에 리드를 채워 고정시키는 방법도 있다. 평소처럼 말을 걸며 식사나 약을 규칙적으로 준다.

인지기능의 장애로 주인을 알아볼 수 없게 되거나, 귀소 본능이 약해져서 밖에 외출했을 때 집을 찾지 못하게 된다. 이처럼 잃어버리는 것을 방지하기 위해 주인의 연락처를 적은 이름표 등을 달아주는 것이 좋다.

● **치료 방법**

레시틴(Lecithin, 인을 함유하는 인지질의 하나. 식품의 산화방지제 등에 이용) 등의 치료약을 투여하거나 식이요법을 한다.

배회 · 밤에 우는 행동

:: 이런 증상에 주의 ::

[한밤중에 이유 없이]
[방 안을 서성거린다]

[큰소리로 계속 짖으며,]
[제지 명령을 듣지 않는다]

왕왕

왕왕

방 안을 서성거리고, 계속 짖는다

● 대처 방법

혼자 있는 것에 불안해하는 것이므로 밤에도 불을 켜놓거나, 음악을 틀어놓거나, TV를 켜놓으면 애견이 불안함을 덜 느낄 수 있다. 또한, 가족의 침실에 함께 있는 것도 같은 효과가 있다.

낮잠을 계속 자서 수면 리듬이 깨졌을 가능성도 있으므로, 낮에는 가능한 개와 놀아 주어 깨어 있는 시간을 늘리는 것도 하나의 방법이다.

● 치료 방법

분리불안증 치료제, 신경안정제 등의 약을 투여한다.

알고 있자

마이크로칩

유럽과 미국에서는 개의 피부 속에 마이크로칩을 이식해 넣고 있다. 이 칩에는 개의 정보와 주인의 연락처가 기록되어 있다. 집을 잃어버린 개의 마이크로칩을 읽어 무사히 주인에게 돌아갈 수 있는 시스템으로, 이른바 전자두뇌 미아명찰이다.
우리나라에서도 진도의 진돗개한테는 우수혈통 보존을 위해 마이크로칩을 이식하기도 한다.

마이크로
칩을?

알아야 할
노령견이 걸리기
쉬운 질병

공격성

:: 이런 증상에 주의 ::

[주인이 만지면]
[위협하고 문다]

덥석!

왕왕
으르릉~

[사람이나 다른 동물이]
[다가오면 위협한다]

짖거나, 무는 등 공격적인 행동을 한다

● 대처 방법

몸의 만성적인 통증, 시력과 청력의 감퇴로 가까이 다가오는 것에 대해 공포심을 느끼고, 운동 기능의 저하로 스스로 위험으로부터 피할 수 없다는 강박관념 등이 공격성을 증폭시키는 원인이 될 수 있다. 어딘가를 감추려는 듯한 부자연스러운 행동을 하면 병원에서 검사를 받는다.

위의 원인이 아니면, 대부분은 상대방이 안전한 존재인가 아닌가를 판단할 수 없어서 느끼는 공포심에서 오는 방어 본능이나.

가족이나 아는 사람이라면 말을 걸어 주는 것으로 안정을 되찾을 수 있다.

● 치료 방법

선택적으로 세로토닌(신경전달물질의 일종. 이 물질이 적어지면 수면시간이 감소한다)을 주거나, 혼동을 억제하는 약품을 반복적으로 투여한다.

알고 있자

공격의 2가지 형태

공포심 때문에 공격하거나, 자신이 우위에서 상대를 굴복시키려고 공격하는 등 2가지 공격 형태가 있다. 공포심일 경우에는, 꼬리를 양쪽 허벅지 사이에 감추고, 등을 둥글게 구부려서 시선을 아래로 내리는 자세를 취한다. 우위를 과시하는 경우에는 상대를 내려다보는 자세를 취한다.

우위

공포

분리불안증

:: 이런 증상에 주의 ::

[혼자 집에 있을 때]
계속해서 짖거나,
물건을 부순다

[주인과 떨어져 있으]
려고 하지 않는다

주인에 대한 의존도가 높아진다

● 대처 방법

처음부터 주인을 쫓아다니며 달라붙던 애견이, 나이가 들면서 주위 상황을 잘 파악하지 못하게 되면, 소심해지고 불안해져서 주인에 대한 의존도가 높아지는 경우가 있다.

밤에 짖는 것도 분리불안의 하나이다. 혼자 집에 있게 할 때도 밤에 짖을 때처럼 TV를 켜놓거나 음악을 틀어놓으면 효과적이다.

● 치료 방법

분리불안증 치료제, 신경안정제를 투여한다.

알고 있자

분리불안증의 노령견과 잘 지내는 방법

쪽 ♥

나이가 들면 젊은 개처럼 혼자 있게 하는 훈련은 불가능하다. 외로워하면 가능한 곁에 있어 준다. 물건을 부수거나, 항상 따라다녀도 절대로 야단치지 말고 「외롭구나」하면서 부드럽게 말을 걸어 준다.

알아야 할
노령견이 걸리기
쉬운 질병

상동증

(정신·신경 이상으로 무의미한 말이나 동작을 반복 또는 오래 지속하는 증세)

:: 이런 증상에 주의 ::

[발끝을 계속 핥는다]

[앞발로 벌레를 쫓는
듯한 자세를 취한다]

[꼬리를 쫓아 빙빙 돈다]

의미 없는 행동을 한다

● 대처 방법

스트레스를 받지 않는 생활환경을 만들어 준다. 오랜 시간 좁은 장소에 혼자 두지 않으며, 시간이 날 때마다 말을 걸어 주고, 모두가 모인 장소에 함께 있는 등, 몸과 마음이 편안해지도록 보살펴 준다.

● 치료 방법

불안함을 진정시키는 약으로 증상을 가볍게 가라앉힌다.

알고 있자

스트레스를 만들지 않는다

「나이가 많으니까 조용히 내버려두자」하고 아무 말도 걸어 주지 않으면 오히려 개는 스트레스가 쌓인다. 심신이 쇠약할 때야말로 애정을 더 바라게 된다.
산책할 때도 걷지 않는다고 산책을 그만두면 역효과다. 개의 페이스에 맞추어 걷고, 짧은 거리라도 데리고 나가도록 한다.

제 속도에
맞춰 주세요♥

의료 최전선

● 의료기구의 진화

MRI
자기공명 진단장치. 몸의 단면이 모든 각도에서 보이고, 종양 · 염증 등을 발견한다.

CT
컴퓨터 단층촬영장치. 다양한 각도에서 X선으로 몸의 단층면을 촬영한다. 그것을 컴퓨터로 분석하고 횡단면의 화상을 합성한다.

레이저
수술용 메스로 이용되거나, 체내 질병의 중심부를 태워 자르는데 이용한다.

● 전문의 활약

　종래의 수의사는 내과부터 외과까지 어떤 질병에도 대처해 왔다. 그러나 개의 수명이 길어지면서 개의 질병도 종류가 다양해졌다.

　또한, 의료기구도 수의학의 발전으로 질병 진단이 세세한 곳까지 미치게 되었다. 그로 인해 진단할 수 있는 질병의 종류도 늘어났다.

　그 때문에 내과, 외과라는 전문의 치료가 분리되어 진료가 진행되고 있다.

● 수의학의 다양화

　최근 질병 진단에 서양의학뿐만 아니라, 동양의학도 도입되고 있다.

　급소치료, 한방약, 마사지, 아로마테라피, 동종요법 등 대체치료도 도입되고 있다.

　또한, 동물행동학을 근본으로 개의 정신상태를 보고 질병을 진단, 해결하려는 카운슬링과 같은 치료법도 등장하고 있다.

건강하게
장수하는 비결

장수하는 개의 「환경」과 「조건」

장수는 주인이 만들어 준 환경과 습관으로 결정된다

:: 장수할 수 있는 조건 ::

● 소형견이 대형견보다 수명이 길다

우걱

우걱

● 비만하지 않은 개가 비만한 개보다 수명이 길다

● 고지방식, 섬유질이 적은 음식을 섭취한 개가 수명이 짧다

건강 관리를 위해 올바른 지식을 갖자

위에 그림과 함께 장수하는 조건을 나열하였다. 물론 개마다 선천적으로 타고난 차이도 있다. 그러나 질병의 위험에서 피할 수 있는 대책을 세우거나, 정신적 육체적 스트레스를 적게 받는 환경을 만드는 것이 장수에 얼마나 중요한가를 알 수 있을 것이다.

주인이 개의 건강관리를 위해 올바른 지식을 갖는 것, 애견의 건강 상태나 기르는 환경에 대한 올바른 인식을 갖추는 것 등이야말로 애견이 건강하게 오래 살 수 있는 비결이다.

Part 2에서는 몸과 마음의 건강을 유지하기 위한 구체적인 생활을 제안하려 한다.

● 피임수술을 받은 개가 받지 않은 개보다 수명이 길다

Baby ✗

● 실내에서 기른 개가 밖에서 키운 개보다 수명이 길다

● 시골에 사는 개가 도시에 사는 개보다 수명이 길다

Long life

집에 데려온 순간부터 시작하는 건강 관리

건강 관리는 애견이 나이가 든 후에 시작하는 것이 아니라, 강아지를 집으로 데려온 그 순간부터 시작해야 한다.

애견이 비만해지거나, 병에 걸리거나, 늙어서 움직이지 못하게 되었을 때, 주인은 당황하여 이제부터는 「좋은 주인」이 되어야지 하며 노력한다.

하지만, 그것은 상당히 힘든 일이다. 지금까지 해왔던 것을 그만두거나, 지금까지 하지 않았던 것을 새롭게 하는 등, 습관을 바꾸는 일은 간단한 문제가 아니다. 마땅히 해야 할 일을 마땅히 계속하는 것. 그것이 중요하다.

애견은 오랜 세월을 함께 살아온 파트너다. 애정을 담아 자상하게 배려해 주면, 반드시 건강한 삶으로 행복하게 보낼 수 있을 것이다.

 장수 비결
신체편

식생활을 바꾸어
노화를 방지한다

:: 식생활을 바꾸는 실천 요령 ::

1 하루에 섭취하는 칼로리를 제한한다. 식사량을 줄이고, 노령견 전용 음식으로 바꾼다.

2 부드럽고, 소화가 잘 되는 음식을 준다. 딱딱한 음식을 줄 때는 따뜻한 물에 불리거나 잘게 부순다.

3 장에서 발효되어 가스가 생기는 식품은 주지 않는다.

4 비만의 원인이 되는 지방을 지나치게 주지 않는다. 지방은 성견일 때의 60∼80%로 억제한다.

5 많은 양의 생채소는 소화불량의 원인이 되므로 주의한다. 줄 때는 가열하여 소화가 잘 되는 상태로 준다.

5살이 넘으면 식생활 개선이 필요

나이가 들면 기초대사가 떨어져서 쓰고 남은 칼로리가 축적되기 쉽고, 내장 기능이 약해져서 소화 흡수율도 떨어진다.

5살 정도의 중년의 개는 식욕이 왕성하고 운동량도 많지만, 서서히 비만에 주의해야 한다.

7살 이후가 되면 운동량이 감소하고, 이나 잇몸 질환이 늘어나기 때문에 소비 칼로리보다 섭취 칼로리가 많아지기 쉽다.

이런 변화에 대응하여 애견의 신체 변화에 따른, 시기에 맞는 음식량과 종류를 조정해야 한다.

[음식은 어느 정도 주면 좋을까?]

개 사료의 경우에는 포장지에 쓰인 표기를 참고하여 양을 조절한다. 필요량보다 많으면 비만이 되고, 적으면 영양실조 등의 문제가 생긴다. 딱딱한 사료일 경우에는 눈짐작으로 양을 재지 말고, 필요량을 정확히 측정하여 애견 전용 계량컵 등에 표시해 놓는다.

새우, 오징어, 문어, 조개류

양파

파

향신료

버터, 케이크, 사탕과자, 햄

초콜릿
견과류

NG! 노령견한테 주면 안 되는 음식

최근에는 양파가 중독 원인이 된다는 사실이 많이 알려져 개한테 주는 사람이 줄어들었다. 그러나 양파의 원액이 들어간 불고기 국물이나, 양파를 갈아 넣은 햄버거 조각 등을 무심히 주는 경우가 아직도 있다.
또한, 실제의 진단 사례에서, 개의 건강상태가 나빠진 원인이 매일 먹은 고등어 조림 또는 매일 먹은 우유 등이 원인인 경우가 있었다.

[노령견과 성견의 영양 필요량의 비교]

(성견에 필요한 영양량을 100으로 한 경우)

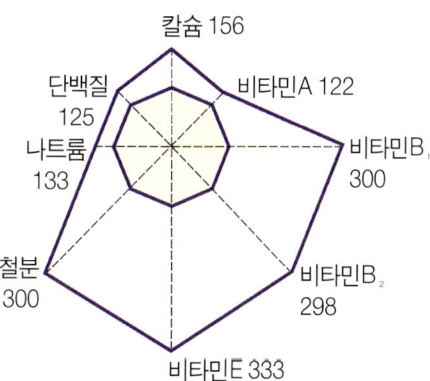

칼슘 156
비타민A 122
단백질 125
비타민B₁ 300
나트륨 133
철분 300
비타민B₂ 298
비타민E 333

성견 전용 사료와 노령견 전용 사료의 성분
(조단백질, 조지방, 조섬유질)

	조단백질	조지방	조섬유질
성견 사료	25% 이상	16% 이상	5% 이하
노령견 사료	26% 이상	10% 이상	4% 이하

New!

한여름에는 물도 상한다?

언제나 신선한 물을 마실 수 있도록 준비해 놓는 것은 상식이다. 더울 때에는 잡균이 번식하기 쉬우므로, 하루에 몇 번씩 물을 갈아주는 것이 좋다.
물을 담는 그릇은 자주 씻어서 언제나 청결하게 한다.

식생활을 바꾸어 노화를 방지한다

식생활 개선의 비결 **식사는 아침에 많이, 저녁은 적게**

나이가 들면 먹은 음식을 소화 흡수하는데 시간이 걸린다. 아침 저녁 2회, 하루에 주는 음식물의 양을 아침에는 많이, 저녁에는 적게 주어 균형 잡힌 식사량으로 나누어 준다.

장의 연동운동이 쇠약해지면 장내에 소화되지 않은 음식물이 오래 정체하므로, 식사 횟수를 늘려 조금씩 자주 주는 것은 역효과를 나타낸다.

어느 정도 시간을 두고 음식을 주는 것이 장에 부담을 주지 않는다. 또한 식사시간을 가능한 규칙적으로 하는 것이 중요하다.

식생활 개선의 비결 **자연식은 밀폐용기에 넣는다**

자연식이 첨가물이나 알레르기를 일으킬 수 있는 성분을 첨가하지 않은 음식이라면 확실히 알레르기를 일으킬 확률은 적어진다.

그러나 아무것도 첨가하지 않았다면, 방부제(천연성분 이외)를 넣지 않았을 가능성도 있다. 그렇다면 음식은 밀폐용기에 넣어서 보존해야 한다.

식생활 개선의 비결 **노령견 전용 사료로 교체할 시기를 확인한다**

＊노년기의 시작 기준

소형견(9Kg 이상) 9 ~ 13살 | 대형견(22 ~ 40Kg) 7.5 ~ 10.5살
중형견(9~22Kg) 9 ~ 11.5살 | 초대형견(40Kg 이상) 6 ~ 9살

위장 기능이 저하되고, 운동량이 감소하는 7～8살이 교체하는 일반적인 시기다. 노령견 전용사료는 소화흡수가 잘 되고, 저칼로리이다. 양은 지금처럼 그대로 만족감을 얻을 수 있고, 위장에 부담을 주지 않을 정도로 준다. 단, 갑자기 바꾸면 개가 냄새나 맛이 틀리다고 느껴 식욕을 잃을 수도 있다. 지금까지 먹던 음식에 새 사료를 조금씩 섞으면서 점차 새 사료의 양을 늘려 맛에 익숙해지게 하고, 약 2주에 걸쳐서 바꿔간다.

식생활 개선의 비결 | 직접 음식을 만들 때에는 칼로리에 신경을 쓴다

직접 요리한 음식을 줄 경우에는 칼로리 계산이 필요하다. 고기는 지방이 많은 비계와 껍질을 제거하고, 채소는 삶아서 잘게 썰어서 준다. 양념은 하지 않는다.
칼로리만이 아니라 균형 잡힌 영양에도 신경을 써서 단백질, 비타민, 미네랄 등이 부족하지 않은 메뉴로 선택한다.
또한, 개 사료에 채소나 고기를 얹어서 줄 경우에는 그 칼로리만큼 음식을 줄여서 주는 것도 잊지 않는다.

*음식 100g에 따른 칼로리(kcal)

밥	356	삶은 달걀	154
오트밀	380	삶은 감자	73
닭 가슴살	114	삶은 홍당무	39
흰 생선(농어)	123	삶은 양배추	20
소 허벅살(비계 없이)	220	삶은 시금치	25
크림치즈	346	삶은 콩	180

식생활 개선의 비결 | 식욕이 없을 때는 고기를 얹어 준다

평소에 사료만 주고 있다면, 기호성이 높은 통조림 타입의 사료나, 비계 없는 고기 등을 조금씩 섞어서 준다.
직접 만드는 음식은 조리방법을 연구해야 한다. 채소를 닭 육수에 데치거나, 올리브유를 아주 소량 넣어서 맛을 살린다. 단, 어떤 방법도 그에 해당하는 만큼의 칼로리를 사료에서 제하는 것을 잊지 않아야 한다.

NG! 음식물은 내놓은 채 그대로 두지 않는다

언제든지 먹을 수 있게 배려하는 마음이지만, 그것은 좋은 방법이 아니다. 우선, 위생문제. 예를 들어, 사료라도 시간이 지나면 산화에 의해 변질되어 위장이 나빠지는 원인이 된다. 그릇을 더러워진 채 그대로 내버려두는 것만으로도 잡균이 번식하여 비위생적이다.
「음식은 주인이 주는 것」으로 이해시킴으로써 주종관계가 분명해지고, 개는 안심하고 살아갈 수 있다. 식사시간에 먹이고, 먹지 않으면 그릇을 치우는 강약 조절이 필요하다.

차가운 통조림은 설사의 원인

한번에 다 먹지 못한 통조림 사료는 내놓은 채 그대로 두지 말고, 밀폐용기에 옮겨 냉장고에 보관한다. 또한, 냉장고에서 꺼낸 사료를 차가운 채로 주면 설사의 원인이 되므로 38~39℃로 데워서 준다.

식생활을 바꾸어 노화를 방지한다

식생활 개선의 비결 ● **우유와 치즈는 주지 않는다**

애완견의 음식은 맛이 진할 필요가 없다. 음식을 손수 만들어서 밥이나 고기, 삶은 채소 등을 주면 염분 과다의 걱정은 일단 하지 않아도 좋다.

문제는 나트륨을 많이 함유한 연제품(어묵)이나 빵 등의 가공식품, 감자튀김 등의 스낵과자, 우유나 치즈 같은 유제품을 주는 것이다.

심장 질환이 있는 개는 특히 지나친 염분 섭취는 절대 금물이다. 이런 것들을 주지 않는 것이 노화를 늦추는 좋은 예방법이라고 할 수 있다.

식생활 개선의 비결 ● **식이요법용 사료를 이용한다**

당뇨병이나 비만, 결석, 심장질환 등의 지병이 있으면, 음식 제한이 필요한 경우가 있다.

그러므로 질병에 따라 필요한 성분과 불필요한 성분을 조정하고, 그와 더불어 영양 균형을 잘 이룬 음식이 식이요법 사료다. 수의사의 지시에 따라 처방된다.

신장질환	비만	결석	심장질환
단백질, 인, 나트륨을 제한하고, 신장기능에 부담 주지 않는 음식	저지방, 저단백의 음식	결석의 원인이 되는 인, 마그네슘, 단백질을 줄인 음식	나트륨을 제한하고, 심장 부담을 가볍게 해 주는 음식

식생활 개선의 비결 | **영양보조식품 속 당분을 과잉 섭취하지 않는다**

마치 사람의 영양보조식품처럼 다양한 종류가 등장하고 있다. 아무튼 너무 지나치면 오히려 해가 되지만, 과잉 섭취가 되지 않을 정도로 주면 괜찮다.
단, 성분을 굳히기 위해 당분 등을 사용한 경우가 많으므로, 사용한 만큼 당분의 양을 음식에서 제한한다.

식생활 개선의 비결 | **그릇은 먹기 편한 것을 선택한다**

고령의 대형견이 발 밑에 놓인 식기 때문에 목을 길게 아래로 내리는 것은 목이나 다리, 허리에 부담을 주게 된다.
그릇의 받침 다리가 긴 식기나 받침대 위에 식기를 올려서 사용한다. 또한, 식기는 항상 깨끗하게 관리한다.

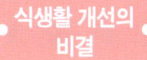

식생활 개선의 비결 | **식후에 몸을 깨끗하게 한다**

식후에는 입 주변에 붙은 음식물 찌꺼기를 닦는다. 음식물이 남아 있으면 세균이 번식하기도 한다. 입 속에 음식이 달라붙어 있을 경우에는 칫솔로 닦아 준다.
입 주변, 입 안을 청결하게 유지한다.

대변과 체중을 체크하는 것이 건강 유지의 기본

비만이나 급격한 체중 감소는 질병의 신호다. 1주일에 1회는 체중 체크를 꼭 실시한다.
또한, 대변은 건강의 기준지표이므로 매일 용변을 체크하자.

장수 비결 신체편
식생활을 바꾸어 성인병을 예방한다

비만 예방이 건강한 노후를 약속한다

개 사료에도 기호성이 강한 것과 기능적인 것 등 종류가 다양하다. 전통적인 맛을 추구하는 사료도 있다.

개가 먹고 싶은 만큼 사료를 주면 애견은 살이 찌게 된다. 그리고 비만은 질병을 일으킨다.

현재 개들에게 늘어나고 있는 성인병(생활습관 질병) 원인의 하나는 비만이다.

나이가 많이 들어도 성인병에 걸리지 않고 건강하게 지내려면, 어렸을 때부터 비만 예방에 신경을 쓰면서 생활해야 한다.

:: 비만도 체크 ::

이상 체형

몸통이 잘록하고, 흉부를 만지면 늑골(갈비뼈)을 확인할 수 있다.

살찐 체형

몸통의 잘록함이 사라진다. 흉부는 강하게 만지면서 누르지 않는 한 늑골 확인이 어렵다.

비만 체형

몸통의 잘록함이 없고, 흉부의 늑골이 만져지지 않으며, 앉았을 때 등뼈가 드러나지 않고, 배가 불룩하다.

식생활 개선의 비결
나이 많은 비만견은 다이어트 사료가 아닌 노령견 전용 사료를 선택한다

망설여지는 문제지만, 이 경우에는 노령견 전용 사료를 선택해야 한다. 노령견 전용 사료는 저칼로리이고, 소화 흡수가 잘 되며, 필요한 영양을 보충할 수 있는 성분으로 구성되어 있다.

비만견 전용 라이트 사료와
노령견 전용 시니어 사료 성분

	조단백질	조지방	조섬유질
라이트 사료	19% 이상	9% 이상	4% 이하
시니어 사료	26% 이상	10% 이상	4% 이하

간식은 되도록 주지 않는다

식사 외 간식을 따로 주었을 때 간식 분량만큼 식사에서 줄이는 것을 잊지 않았는지?
그리고 음식에 여러 가지를 얹어서 주지 않았는지?
기본적으로 개 사료는 종합영양식이기 때문에 물과 사료만으로도 개에게 필요한 영양분은 100% 보충된다.
그러므로 하루 2번의 식사 외에 주는 음식은 과잉에너지

가 되어 체내에 쌓이게 된다.
또한, 드물게는 질병 때문에 비만이 진행되는 경우도 있다.

주인이 식사할 때는 개를 다른 곳에 둔다

예를 들어, 식탁 위에 음식이 있고, 주인에게 음식을 받아먹은 경험이 있는 개는, 방금 식사를 하고 배가 불러도 음식을 먹고 싶어한다. 사람의 음식은 맛이 진하고, 지방이나 당분이 많아 기호성이 높다.
개가 계속 바라보고 있는 것을 보면, 주인은 자신도 모르게 측은하게 여겨 음식을 주기 쉽다. 이것이 바로 애견의 비만과, 귀찮도록 끈질기게 조르는 버릇의 시작점이다. 사람이 먼저 식사하거나, 식사 중에는 개를 다른 방에 옮겨놓는 등의 대책이 필요하다.

견식 사료의 보관에 주의!

건식 사료는 봉지를 뜯은 후에는 입구를 고무줄 등으로 단단히 밀폐시키거나, 밀폐용기에 옮겨놓는다. 큰 봉지의 경우에는 작은 용기에 옮겨 담는 것이 좋다.
공기에 많이 노출할수록 사료에 포함된 기름이 산화되어 빨리 상한다.

*비만 때문에 생기는 성인병

당뇨병	인슐린의 분비가 나빠지고, 당이 분해되지 않는다.
고혈압	혈압이 높아지고, 혈관과 심장 등에 부담을 준다 .
협심증	혈관에 부담을 주고, 심장이 나빠진다.
신장병	신장에 부담을 준다.
간장병	간장에 부담을 준다.

주거환경을 바꾸어 노화를 방지한다

:: 주거환경을 개선하는 실천 포인트 ::

1 개가 생활하는 공간을 적정 온도와 습도로 유지한다.

2 면역력이 떨어지고, 호흡기 활동도 쇠약해진 노령견을 위해, 잠자리 주변을 청소하고 환기를 자주하여 진드기나 벼룩으로부터 보호한다.

3 바닥에 물건을 두지 말고, 턱을 만들지 않는다.

4 바닥과 계단이 미끄럽지 않게 한다.

5 혼자 집을 지킬 때 안심할 수 있는 공간을 만든다.

Good!

불편을 느끼는 부분이 늘어난다

개는 늙어가면서 오감과 근력이 쇠퇴되어 일상생활에서 여러 가지 불편함을 느끼게 된다. 예전에는 마음껏 뛰면서 돌아다니던 집 안에서 물건에 부딪히거나, 미끄러져서 잘 걷지 못하거나, 작은 턱에도 잘 걸려 넘어지게 된다.

노령견한테 배리어 프리(barrier free, 장애가 되는 것을 없애고 생활하기 편하게 배려하는 것)는 필수다. 태어날 때부터 사람보다 몸집이 작은 개는, 늙으면 생활공간 속에서 사람보다 불편함을 더 많이 느끼게 된다. 건강하게 돌아다니던 강아지 때와는 다르다.

현재의 애견에게 편안한 공간을 만들어 주도록 노력하자.

입장을 바꿔 개의 기분으로 생각해보자!

키가 작은 개는 에어컨의 찬공기가 가라앉아서, 그리고 바닥이 난방될 때는 그 영향을 직접 받는다. 실내 바닥에 온도계와 습도계를 설치하여 체크하자.

원래 개는 체온조절 능력이 떨어지는데, 늙으면 더욱 떨어지기 쉬워 더위와 추위에 약하다.

freezing

*실내에서 일어나는 많은 사고

- ●계단에서 떨어진다.
- ●바닥에 미끄러져서 구른다.
- ●가구의 모서리에 부딪힌다.
- ●창문에서 떨어진다.
- ●사람의 약을 먹는다.
- ●의자에서 떨어진다.
- ●틈새에 끼어 나오지 못한다.

NG!

개가 있는 장소는 문을 닫아 밀폐공간으로 만들지 않는다

늙은 개를 방에 가두지 않는다. 방이 춥거나 더울 경우에 방에서 밖으로 나올 수 있게 해 주어야 한다.

또한, 오감이 쇠퇴하여 공포심이 커지므로 혼자 갇히면 불안해진다.

분에 있는 식물은 해가 없나?

식물(화초) 중에는 나팔꽃이나 석산(石蒜, 수선과의 다년생), 마취목(馬醉木, 철쭉과의 상록수) 등과 같은 꽃이나 잎사귀를 개가 먹었을 경우에 중독증을 일으키는 경우가 있다.

또한, 화분 흙 속에 섞은 비료, 꽂아둔 비료 등 실수로 잘못 먹을 수 있는 것은 실내 바닥에 두지 않는 게 좋다.

주거환경을 바꾸어 노화를 방지한다

주거환경 개선의 비결

몹시 더울 때는 에어컨을 켠다

개의 체온은 사람보다 1 ~ 2℃ 높은 38℃ 정도다. 온몸에 털을 덮고 땀을 잘 배출시키지 못하기 때문에 더울 때의 체온 조절은 매우 힘들다. 사람이 집을 비우는 사이에도 가능하면 에어컨을 켜놓는 것이 좋다.

설정온도를 아주 낮출 필요는 없다. 지나치게 온도를 낮추면 반대로 냉방병에 걸릴 수도 있다. 에어컨을 계속 켜놓을 수 없는 상황이면, 시원한 개전용 매트리스(cool mat) 등을 이용하는 것도 좋다.

주거환경 개선의 비결

사람에게 맞는 적정온도는 개한테는 쾌적하지 않다

Hot!

사람이 상쾌하게 느끼는 실내온도가 개한테도 쾌적하다고는 할 수 없다. 개의 생활영역은 사람보다 낮기 때문에 여름에 에어컨의 냉기가 실내에 가득 차서 지나치게 서늘하거나, 겨울에 온기가 미치지 못해서 춥기 때문이다.

이와 반대로, 장애물 때문에 개의 잠자리나 서클에까지 에어컨의 냉기가 미치지 않거나, 거실 난방이나 전기 카펫의 열이 직접 닿아 지나치게 더운 경우도 있다. 개가 가장 많은 시간을 보내는 장소의 바닥 주변에 온도계를 설치하여 체크하자. 바닥 또는 천장 방향으로 선풍기를 돌려 실내공기를 순환시켜서 사람과 개의 생활영역 사이의 온도차를 줄이는 방법도 효과적이다.

NG!

서머 컷(여름철 털깎이)은 몸이 약해진다

무더운 시기, 더워서 불쌍하다고 서머 컷(summer cut)을 해 주는 주인도 많다. 확실히 시원하게 보이지만, 개한테는 털이 당연히 있어야 하는 것. 덥다고 해서 털을 깎으면 신체 기능에 지장을 일으킬 수도 있다.

노령견의 경우, 본래의 모습과 동떨어진 모습으로는 자르지 않도록 주의한다.

노령견을 위한 사계절 어드바이스

봄
따뜻한 계절이다. 한가로운 산책을 시키자. 광견병, 1년에 1회 백신주사도 잊지 않는다. 건강신단도 받아두자. 지역에 따라서는 모기가 나타나기 시작한다. 필라리아 예방, 벼룩, 진드기에 대한 대책도 세우자.

여름

늙은 몸으로는 견디기 힘든 계절이다. 가능한 선선하게 지낼 수 있도록 해 주자. 에어컨을 켠 공간도 1시간에 1번은 환기시키자. 식욕을 잃으면 고기를 뜨거운 물에 익혀서 사료에 얹어준다.

가을
식욕이 돌아오는 계절이다. 선선해져도 식욕이 돌아오지 않으면, 몸 어딘가에 이상이 생겼는지도 모르므로 병원에서 진단을 받자. 가을이지만 아직 모기나 벼룩, 진드기에 주의하자.

겨울

개는 원래 추위에 강한 동물이지만, 늙으면 저항력이 떨어져 추위를 타게 된다. 방한 대책을 세우자. 담요 한 장 걸치는 것만으로도 상당히 달라진다. 외출할 때 옷을 입히는 것도 좋다.

난방할 때는 실내 공기를 자주 환기시킨다

석유나 가스 난로는 연소될 때 산소를 소모하고, 탄산가스를 발생시킨다.
자주 환기를 하여 실내에 산소를 공급하지 않으면, 실내 바닥 가까이에 쌓인 탄산가스(산소보다 무겁기 때문에 아래쪽에 쌓인다) 개가 대량으로 마시게 되어 중독의 원인이 될 수 있다.

장수 비결
신체편

주거환경을 바꾸어 노화를 방지한다

주거환경 개선의 비결 ● **습기는 질병을 일으킨다**

털이 긴 개의 경우, 축축하고 끈적거리는 장마철에는 털이 달라붙어 뭉치기 쉽다. 뭉친 털 때문에 통풍이 잘 안 되면 피부병의 원인이 될 수 있으므로 주의한다.

반대로 개는 아주 건조한 환경에도 적응하기 힘들다. 특히 노령견인 경우, 호흡기 계통이 약해지므로 건조한 환경이 기관지염이나 폐렴의 원인이 되는 경우도 있다. 난방기기 근처에 바리케이드나 서클을 설치하여 가까이 못 가게 한다.

주거환경 개선의 비결 ● **화장실은 가까운 곳에 배치한다**

밖에서 배설하는 습관을 가진 개는, 대소변을 실내에서 보지 않도록 더위나 추위가 심하지 않은 시간에 밖에 자주 데리고 나간다.

가능하면 실내에도 용변기를 설치하여 개가 배설하고 싶을 때 볼 수 있는 환경을 만들어 주는 것도 중요하다.

실내 화장실에서 배설하는 습관을 가진 개도, 화장실 위치를 개의 생활영역과 가깝게 바꾸어 준다. 물론 용변기를 자주 청소하는 것도 잊지 말아야 한다.

>> 밖에서만 용변을 보는 개를 위해 실내에서 길들이는 화장실 훈련

1
밖에서 소변을 보았을 때, 화장실 시트에 냄새가 묻도록 소변을 조금 적신다.

2
화장실 시트를 정원(뜰, 마당), 현관 등 밖과 가까운 실내 장소에 놓는다.

3
화장실 시트 위에 용변을 보면, 화장실 시트를 서서히 개가 많은 시간을 보내는 장소나 개집 가까이에 둔다.

주거환경
개선의 비결 ## 밖이 보이는 장소에서 지낼 수 있게 한다

밖을 볼 수 있는 창문이 반드시 있어야 하는 것은 아니지만, 밖이 보이면 개는 기분전환을 할 수 있다.

개는 자연광이 비추는 장소, 바람이 들어오는 장소를 좋아한다. 다리와 허리가 약해 산책을 귀찮아하면 베란다나 테라스 옆에 전용 매트를 깔아 자리를 마련해 주자. 그것만으로도 조금은 스트레스가 해소될 수 있다.

여러 가지 하우스

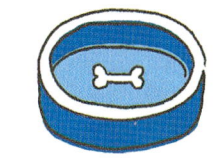

쿠션 타입

주거환경
개선의 비결 ## 「하우스」 명령으로 안심시킨다

침대 타입

실내에서 자유롭게 기르는 경우에도 개 스스로 안정감을 느낄 수 있는 장소를 만들어 주는 것이 매우 중요하다.

피곤할 때, 약간 몸 상태가 좋지 않을 때, 집에 홀로 남겨질 때 등 안심하고 지낼 수 있는 것은 게이지나 실내하우스 등 의외로 좁은 장소이기도 하다.

「하우스」의 명령에 따르도록 습관을 들이는 것은 개의 심리적인 안정에도 필요하다.

작은 집 타입

방 전체에 카펫을 깐다

미끄러운 거실 바닥은 노령견에게는 넘어질 위험이 있다. 그러므로 카펫을 이용한다. 방 전체에 까는 카펫은 좋은데, 부분적으로 까는 매트라면 가장자리에 개의 발이 걸리거나, 매트와 함께 발이 미끄러질 수 있으므로 권장하고 싶지 않다.

또한, 전기 카펫을 계속 켜놓고 있으면, 저온 화상의 원인이 될 수도 있으므로 주의가 필요하다.

주거환경을 바꾸어 노화를 방지한다

:: 노령견이 편히 쉴 수 있는 방 꾸미기 ::

약품, 과도 등 위험한
물건은 서랍에 넣는다

화장실(용변기)은
가까운 곳에 위치

하우스는 바람이 잘
통하는 장소에 위치

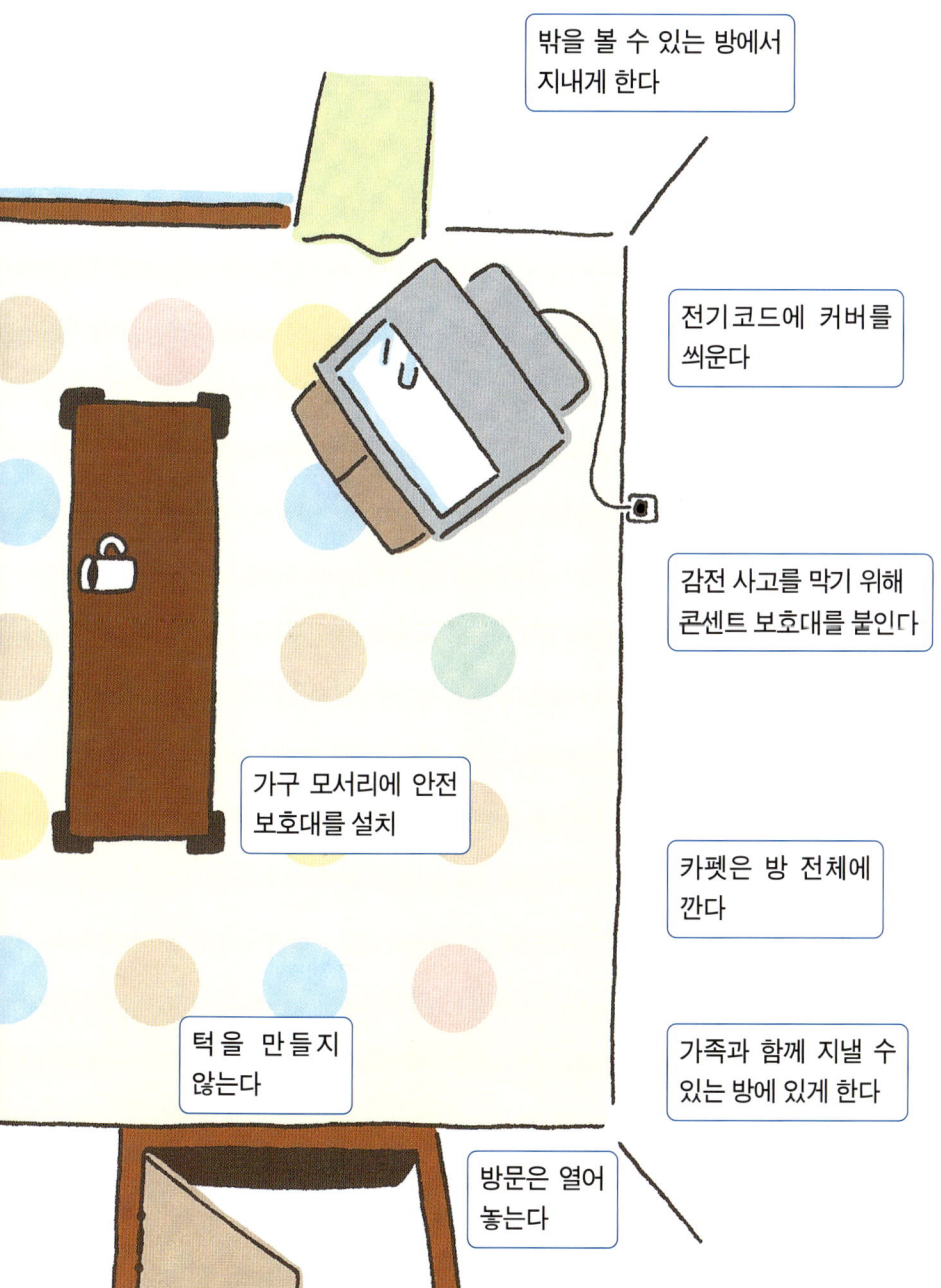

밖을 볼 수 있는 방에서
지내게 한다

전기코드에 커버를
씌운다

감전 사고를 막기 위해
콘센트 보호대를 붙인다

가구 모서리에 안전
보호대를 설치

카펫은 방 전체에
깐다

턱을 만들지
않는다

가족과 함께 지낼 수
있는 방에 있게 한다

방문은 열어
놓는다

장수 비결
신체편

주거환경을 바꾸어 노화를 방지한다

밖에서 기르는 경우

:: 주거환경을 개선하는 실천 포인트 ::

1 개집은 가족이 보이는 장소에 놓는다. 가족이 개의 신체 변화를 쉽게 알 수 있으며, 개도 가족의 모습을 항상 볼 수 있어 안심할 수 있다.

2 계절에 따라 개집을 옮긴다.

3 더위, 추위, 해충 예방에 최선을 다한다.

4 개집의 턱을 낮춘다.

5 실내에서 기르는 것도 검토한다.

오감이 쇠퇴하여 공포가 커진다

정원 안쪽이나 거실과 마주하는 테라스 옆에 개집을 놓는다.

여름에는 바람이 잘 통하는 그늘, 겨울에는 햇빛이 잘 들고 찬바람이 들지 않는 장소나 방향, 장마철에는 비가 들이치지 않는 처마 밑이나 물이 잘 빠지는 장소 등으로 개집을 옮긴다.

줄로 묶어 놓을 경우에는 그늘이나 양지를 찾아 개가 자유롭게 움직일 수 있도록 체인이나 끈을 길게 한다.

다리와 허리가 약해진 노령견한테는 낮은 턱이라도 오르내리기가 매우 힘들다. 개집이 계단 하나 정도의 턱이 있는 곳에 위치한다면 발판을 놓아준다. 또한, 안에서 편안한 자세로 있을 수 있게 넉넉한 공간으로 만들어 주는 것도 중요하다.

[노후에는 실내 생활로 바꾼다]

나이가 들어 늙으면 체온조절이 힘들어져 환경에 적응하는 능력도 떨어진다. 추운 겨울에는 현관이나 실내에서 지내게 하는 것이 좋다.
또한, 주거환경을 정돈하고, 가족도 보다 가까이 느낄 수 있도록 실내에서 기르는 것도 생각해 보자.
집을 지키는 개로 밖에서 길러진 애견이더라도, 이미 충분히 가족을 위해 공헌했으니 실내에서 여생을 보낼 수 있게 배려해 주자.

오늘부터 방에서 지내는 거다

쾌적한 개집 꾸미기

여름에는 발을 쳐서 그늘을 만들어 준다

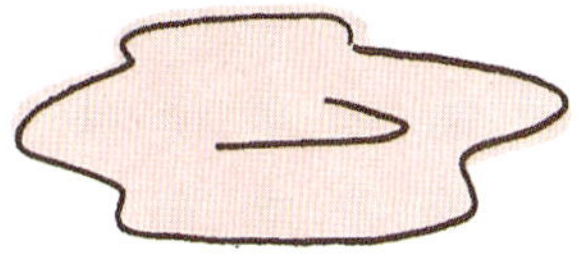

개집에 바람이 잘 통하게 창문을 낸다

실내에서 볼 수 있는 장소를 정한다

MARU

모기향 등으로 방충 대책을 세운다

겨울에는 담요를 깔아 한기를 막아 준다

습기가 차지 않도록 나무 발판 등을 깔아 준다

85

운동 방법을 바꾸어
노화를 방지한다

:: 운동 방법을 바꾸는 실천 포인트 ::

1 무리하게 시키지 않는다.
한가롭게 산책하는 즐거움을 느끼게 해 준다.

2 습관에 얽매이지 않는다. 개의 몸 상태를
살피면서 산책 횟수와 시간을 조절한다.

3 운동을 위한 산책과 배설을 위한 외출을 구분한다.

늙었다는 것을 생각하고 무리하게 강요하지 않는다

아무리 활동적이었던 개도 나이가 들면 움직이는 것을 귀찮아한다. 산책을 끝까지 하는 것보다는 얼마 걷지 않아서 돌아가고 싶어하거나, 밖으로 발을 내딛는 순간 움츠리거나, 비 또는 더위, 추위에 겁을 내거나, 매우 좋아했던 원반던지기도 날아간 곳을 놓쳐 쫓아가지 못하게 된다.

그러나 그 무엇도 어쩔 수 없다. 개가 늙었다는 것을 인정하고 무리하게 강요하지 않는다. 단, 건강 유지와 스트레스 해소를 위한 적당한 산책은 필요하다. 몸 상태를 살피면서 시간을 조절하자.

스포츠는 은퇴

애견이 건강할 때 여러 가지 스포츠에 도전하는 것은 바람직한 일이다. 개의 호기심도 충족시키고 스트레스도 해소할 수 있기 때문이다.

그러나 늙으면 생각대로 몸이 움직이지 않는다. 서서히 스포츠는 그만두고 천천히 걷는 방법을 생각해 보자.

[스포츠가 원인이 되어 나타나는 증세]

골절
무엇인가에 부딪치거나, 넘어져서 일어난다.

추간판 헤르니아
척추 또는 허리에 부담이 가서 추간판에 이상이 생긴다.

무릎 + 자 인대 파열
무릎 관절의 십자 인대가 강한 충격을 받아 끊어진다.

탈구
강한 충격으로 관절의 뼈가 어긋나거나 인대가 손상된다.

＊스포츠를 하면서 알 수 있는 노화의 징후

- 쫓고 있던 공의 행선지를 놓친다.
- 조금 달렸을 뿐인데 숨이 차다.
- 금방 피곤한 모습이 되어 놀이를 그만둔다.
- 달리던 중간에 다리가 엉켜 넘어진다.

애견을 위한 산책이 되도록 한다

OK?

자전거로 산책을 데리고 나가는 것은, 애견이 나이가 들어 늙으면 그만두어야 한다. 젊었을 때는 운동부족을 보충하기 위해 자전거를 타고 산책하는 것이 효과적이었지만, 나이가 들면 자전거 속도를 따라갈 수 없게 된다. 자전거 속도를 늦추어도 개한테는 부담이 크다.

산책은 주인을 위한 것이 아니라 애견을 위해 한다는 것을 항상 생각하자.

운동 방법을 바꾸어 노화를 방지한다

운동 개선의 비결 **몸 상태가 좋으면 매일 산책한다**

산책은 운동뿐만 아니라 기분 전환의 의미도 있다. 시각이나
청각은 약해져도, 바깥 공기를 마시고 햇빛과 바람을 느끼게
하는 것도 개한테는 매우 중요하다.
밖에서 용변을 보는 습관이 없는 개라도 몸 상태에 문제가 없
는 한 잠깐이라도 밖에 데리고 나가자.

운동 개선의 비결 **계절에 따라 가장 좋은 시간을 선택한다**

겨울이면 햇볕이 따스한 낮에, 여름이면 일출 또는 일몰 전후
선선한 시간을 선택하여 산책한다.
노령견은 체온조절 기능이 떨어지기 때문에 실내에서 길러졌
을 경우에는 바깥 기온과의 온도차가 크면 더위나 추위에 부담
을 느낀다. 여름에는 아스팔트에 손을 대어 그다지 뜨겁지 않
다는 것을 확인한 후에 데리고 나간다. 또한, 겨울에 산책할 때
추위 때문에 떨면 산책할 때만 옷을 입히는 것도 하나의 방법
이다.

>> 겨울에는 따뜻한 시간, 여름에는 선선한 시간을 선택하자

2003. 12 ~ 2004.7
각월 15일 서울 기준

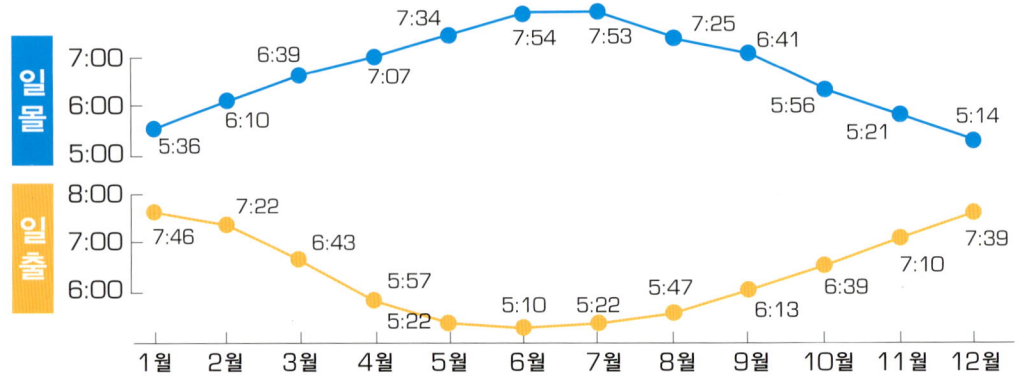

운동 개선의 비결 식후에는 배변을 겸해서 천천히 걷게 한다

식후에 금방 심하게 운동하면 위염전 등을 일으킬 수 있으므로, 자전거와 함께 산책하거나, 리드 없이 달리게 하는 것은 피한다.

단지, 개는 식후에 용변을 보는 경우가 많으므로 이를 겸해 천천히 걷는 정도로 산책하면 좋다.

운동 개선의 비결 더위와 추위를 조절한다

추운 시기에는 옷을 입혀 추위를 막을 수 있다. 머플러, 모자, 코트 능 종류노 소새도 나앙하다. 멋이 아니라 실용적으로 입히자.

비가 오는 날에는 우비를 입히면 털이 젖어 몸이 차가워지는 것을 막을 수 있다. 여름에는 보냉제가 들어 있는 밴대나(ban-danna, 두건, 스카프)나 조끼를 입히면 더위를 피할 수 있다.

고 밖으로 외출하는 것도 OK

다리와 허리가 약해진 애견이나, 소형견인데 원래 산책이 그다지 필요 없는 견종이라도 밖에 데리고 나가는 것은 스트레스 해소에 좋다.

개한테 운동은 안 되지만 품에 안거나, 밖을 볼 수 있는 이동 케이지에 넣어 바깥 공기를 쏘여 주는 것도 좋다.

운동 방법을 바꾸어 노화를 방지한다

운동 개선의 비결

산책은 정해진 시간이 아니어도 OK

Go?

계절과 애견의 건강 상태에 맞게 산책 시간을 조정한다. 매일 같은 거리와 시간을 걷게 할 필요는 없다. 만약 개의 호흡이 갑자기 거칠어지거나, 몇 번이고 걷다가 멈추는 상태라면 그 정도에서 산책을 그만둔다.

또한, 걷고 있지 않아도 주인이 이웃과 오랜 시간 서서 이야기를 하는 사이에 더위를 먹어 몸 상태가 나빠지는 개도 있다. 산책 중에는 애견의 몸 상태의 변화를 민감하게 관찰하자.

운동 개선의 비결

산책 코스는 안심할 수 있는 곳을 선택한다

오늘은 이쪽!

산책 코스는 매일 똑같지 않아도 상관없지만, 오감이 쇠퇴하여 환경 변화에 적응하기 어려운 늙은 개는 사람이 많거나 교통량이 많은 장소, 시끄러운 장소 등을 무서워할 수도 있다.

조용하고, 장애물이 적고, 안심하고 걸을 수 있는 거리를 선택한다.

왁자지껄

왁자지껄

NG!

이런 장소는 피하자

- 사람들이 많아서 복잡한 장소
- 교통량이 많은 장소
- 시끄러운 장소
- 비탈길이나 계단, 경사가 반복되는 장소
- 어린이들이 모여 있는 장소

운동 개선의 비결 **다른 개와 함께 걷지 않게 한다**

나이가 비슷하고 걷는 속도가 같으면 다른 개와 함께 걸어도 상관없지만, 상대가 젊은 개나 강아지인 경우에는 산책을 따로 하는 편이 좋다.

노령견한테는 자신의 속도를 계속 유지시켜 주는 것이 중요하다.

나중에!

꾸~욱 꾸~욱

도 전! **일광욕을 하면서 마사지**

건강이 그다지 좋지 않아 산책을 할 수 없을 때는 집에서 일광욕을 시킨다. 그 때, 몸을 어루만지듯이 마사지 해 주면 신진대사도 좋아지고 무엇보다 애견이 좋아한다.

산책으로 근육이 약해지는 것을 막는다

젊었을 때에는 많은 양의 운동이 필요한 대형견이지만, 수명이 짧은 만큼 체력도 빨리 약해진다.

그러나 같은 1시간의 산책이라도 그저 한결같이 걷거나 달리는 것이 아니라, 여러 곳을 둘러보면서 한가로이 즐기는 산책이라면 늙어서도 계속 산책할 수 있고, 근력이 약해지는 것도 예방할 수 있다.

Strong

장수 비결
신체편

운동 방법을 바꾸어 노화를 방지한다

운동 개선의 비결 · **비만견은 걷지 않으면 나빠진다**

살이 쪄서 다리와 허리에 부담을 느끼는 개는 걷기 싫어한다. 그렇다고 해서 운동을 전혀 시키지 않으면 악순환이 반복된다. 식사 제한으로 체중을 줄이는 동시에 서두르지 않고 조금씩 산책 거리와 시간을 늘려 보자. 가능한 아스팔트나 콘크리트가 아닌 관절에 부담을 적게 주는 흙 위를 걷게 한다.
단, 나이가 많아 관절에 장애가 나타나는 개들은 산책에 대해서 수의사와 상담하는 것이 좋다.

운동 개선의 비결 · **계단이 있는 산책 코스는 피한다**

다리와 허리에 부담을 주기 때문에 계단은 피하는 것이 좋다. 또한, 뛰어오르거나 뛰어내리는 등의 동작이 필요한 코스도 피해야 한다.
계단보다는 비탈길, 육교보다는 횡단보도를 이용하여 걷는다.

만보기로 다이어트!

보행량으로 소비 칼로리를 측정하는 개전용 만보기는 기초 대사와 섭취 칼로리를 맞추어서 체크하면, 비만을 예방하고 다이어트를 할 때 기준이 될 수 있다.
함께 걷는 사람이 오히려 지치지 않도록 주인도 스스로 건강 체크를 잊지 말자.

100, 101… 307, …500, 10000 보

리드는 하네스로 바꾼다

목걸이에 리드를 걸어서 잡아당기면 개의 목에 부담을 주게 된다. 노령견이 되면 하네스(어깨끈)로 바꾸자. 몸통에 연결하는 하네스는 목에 부담을 주지 않는다.
조끼에 달린 고리에 리드를 걸 수 있는 조끼 형태의 하네스도 있다.

산책할 때 견종에 따른 주의사항

소형견

소형견의 보폭은 좁다. 주인이 보통 속도로 걸어도 소형견한테는 빨리 걷는 것이 된다.
애견의 걷는 속도를 잘 살펴서 맞추어 걷자.

중형견

피로해진 모습이 보이면 쉬게 해 주자.
애견이 앉아 있을 때는 상관하지 말고 편히 쉬게 해 준다.

대형견

낯선 장소나 집에서 멀리 떨어진 장소에는 가지 않는다.
만약, 개가 걷지 못하는 상황이라면 안고 돌아올 수밖에 없기 때문이다. 다리와 허리가 약해지면 멀리 외출하는 것은 피한다.

매일 몸을 손질하여 노화를 방지한다

:: 몸 손질을 개선하는 실천 포인트 ::

1 매일 짧은 시간이라도 애견의 몸을 체크한다.

2 몸을 손질하는 도구를 바꾼다.

3 노령견에 맞는 도구를 선택한다.
부담되지 않도록 짧은 시간에 끝낸다.

몸 손질로 노화와 질병을 방지한다

몸 전체를 손질하는 것은 개의 청결과 건강을 유지하기 위한 것이며, 말하지 못하는 애견 몸 상태의 변화를 알 수 있는 기회도 된다.

나이 드는 것과 함께 개의 신체에는 검버섯이나 사마귀가 생기기도 하고, 비듬이 나오기도 쉬우며, 몸 냄새가 심해지기도 한다. 이런 것들의 원인이 단지 노화 때문인지, 아니면 어떤 질병의

잠재 때문인지 어설픈 비전문가로서는 판단할 수 없다. 그러나 매일 몸 손질을 통해 건강상태를 살피면 변화에 대해 좀더 일찍 알 수 있다.

또한, 몸 손질을 게을리 하여 생기는 질병이나 상처도 있으므로 애견의 건강관리를 위해서 부디 시간을 아끼지 말자.

Monthly Care

항문낭 짜기

샴푸할 때 짠다

개의 항문 양쪽에 시계바늘 8시 20분 위치에 항문낭이라는 분비선이 2개 있으며, 그곳에 냄새가 심한 분비물이 쌓인다.

샴푸할 때 동시에 하지 않으면 안 되는 일이 이 분비물을 짜는 일이다. 쌓인 채 그대로 두면 항문낭종이 생기고, 종양이 파열되어 항문 아래에 구멍이 생긴다.

샴푸 전에 엄지와 검지로 항문낭의 좌우를 잡고 가볍게 누르면서 조여 분비물을 짜낸다.

냄새가 심해 씻어도 잘 없어지지 않으므로 손에 묻지 않도록 주의한다.

〉〉항문낭을 짜는 방법

1
좌우 부풀은 부분에 엄지와 검지를 댄다.

2
엄지와 검지를 항문 방향으로 밀어 올리면서 분비물을 짠다.

냄새를 묻히는 행위는 젊은 개들만의 행동?

항문낭 분비액의 강한 냄새는 자신의 영역을 표시하기 위해 이용된다. 노령견한테는 영역을 표시하려는 의식이 적어진다. 항문낭 분비액도 젊은 개들에 비해 적어지지만, 완전히 없어지는 것은 아니다. 샴푸할 때 잊지 않고 미리 짜 둔다.

Monthly Care

커트

질병, 상처 예방을 위해 털을 다듬는다

장모종 애견들이 멋으로 하는 트리밍과는 별도로, 어떤 개에게나 질병과 상처예방, 청결을 유지 하기 위해 각 부위의 털을 깎아 주는 것이 필요하다. 기본적으로 1달에 1번은 털을 다듬자.

귀의 털

귀 속의 털이 길게 자라면 통풍이 잘 안 돼 외이염을 일으킬 수 있다. 귀 청소를 겸해 사람의 눈썹 커트용 가위 등으로 짧게 깎는다.

항문 주위

항문 주위의 털을 짧게 잘라 주어 용변을 볼 때 오물이 묻지 않게 한다. 장모종은 배 전체의 털을 짧게 다듬으면 소변 볼 때 묻는 오물이나 냄새도 방지할 수 있다.

얼굴 주위

장모종 애견의 경우, 얼굴 털을 깎아 준다. 털이 눈을 찌르거나, 입으로 들어가 세균을 옮길 수 있다. 특히 눈병의 원인이 되므로 짧게 깎는다.

발바닥

발가락 사이에 난 털이 자라면 발바닥이 마루바닥에 닿는 것을 방해하여 미끄러지기 쉬워 넘어지게 되므로 발가락 사이로 털이 나오지 않게 깎아 준다. 노령견은 특히, 미끄러지면 관절을 다치거나 골절될 수도 있다.

발바닥 쿠션을 크림으로 보호

나이가 들수록 피부의 유연성과 탄력성이 없어져 발바닥 쿠션이 건조해져서 갈라지는 경우가 생긴다. 체중이 무거워 발바닥에 큰 부담을 주는 대형견의 경우에는 특히 발바닥 쿠션이 갈라지면 산책이 괴로워지고, 그 때문에 운동 부족의 원인이 된다. 발바닥 쿠션 전용 보호크림으로 보습을 주어 보호하자.

Monthly Care

발톱 깎기

혈관을 다치지 않도록 주의한다

　발톱이 너무 길게 자라면 보행 장애를 일으킨다. 개도 5살이 넘으면 발톱의 탄력이 없어지고 딱딱하고 약해지기 때문에, 지나치게 자라면 꺾어져 부러지기 쉽다. 1달에 1번 깎아 준다.

　단, 자르는 발톱 길이에 주의한다. 나이가 들수록 발톱의 투명성이 사라져 혈관이 어디까지 있는지 알기 어려워진다.

　조금씩 아주 조심해서 깎고, 만약 피가 나면 깨끗한 거즈로 출혈 부위를 지혈시킨 후 병원에 데려간다.

≫발톱 깎는 방법

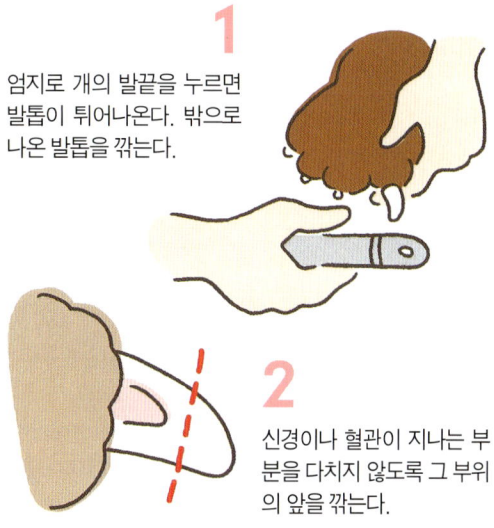

1
엄지로 개의 발끝을 누르면 발톱이 튀어나온다. 밖으로 나온 발톱을 깎는다.

2
신경이나 혈관이 지나는 부분을 다치지 않도록 그 부위의 앞을 깎는다.

Monthly Care

귀 청소

귀는 귀 입구와 안쪽, 2단계로 청소한다

　귀 입구는 젖은 거즈나 면 헝겊을 손가락에 말아서 가볍게 닦아낸다.
　귀가 늘어진 개는 특히 더러워지기 쉬워 귀 주름에 오염물이 낀 경우가 많으므로 정성스럽게 닦는다. 귓속은 면봉에 귓구멍의 크기에 맞추어 면 헝겊을 말아서 닦아낸다. 귀의 피부나 고막을 손상시키지 않도록 너무 무리하게 깊이 넣거나 강하게 문지르지 않는다.

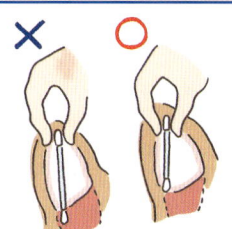

눈에 보이는 부분의 오염을 닦아낸다. 면봉은 따뜻한 물이나 오일에 적셔서 사용하면 좋다.

Special Care

예방접종

예방주사로 질병을 미리 예방

　예방 접종은 1년에 1번 맞는 것만으로 세균이나 바이러스, 원충(원생동물)이 원인이 되어 생기는 감염증이나 전염병을 예방하여 애견의 건강을 지켜 준다.

　늙으면 면역력이 떨어져 감염될 가능성이 더 높아지므로 예방 접종은 잊지 말고 반드시 맞힌다.

혼합 백신

혼합 백신은 디스템퍼(개 홍역), 파보 바이러스 전염병, 렙토스피라, 전염성 간염, 파라인플루엔자 등 여러 가지 바이러스성 전염병 예방에 효과 있는 예방주사이다.
생후 50～60일에 1회, 그 다음 1개월 후에 2회째를 맞은 후, 매년 1번 예방 접종하여 면역력을 지속시킨다.
예방 접종 시기가 가까워지면 미리 알려주는 동물병원도 있지만, 주인이 달력에 적어 놓고 잊지 않는 것이 중요하다.
1년에 1번 맞는 습관으로 많은 질병을 피할 수 있다.

* 백신으로 예방하는 질병

- ●디스템퍼(개 홍역)
- ●전염성 후두기관지염
- ●전염성 간염
- ●켄넬코프(급성 기관지염)
- ●파보 바이러스 감염증(파보 장염)
- ●렙토스피라(농부병)
- ●코로나바이러스 감염증(코로나 장염)
- ●광견병

* 예방주사의 가격

- ●1종 백신 평균 10,000원
- ●2종 이상의 혼합 백신 평균 20,000원
- ●광견병 예방주사 평균 15,000원
- ●초진료 평균 3,000원

  동물병원의 의료수가는 정해져 있지 않고 병원별로 정하기 때문에 조금씩 다를 수 있다.

광견병

1년에 1번 예방 접종은 주인의 의무.
개나 사람에게 모두 전염되는 무서운 병이므로 반드시 예방 접종을 한다.

102

Special Care 기생충 예방

기생충도 살기 쉬운 현대에서는 연중 대책이 필요하다

기생충이 원인인 질병은 많다. 원기 왕성한 어린 시기에는 가벼운 증상으로 끝나는 경우가 많지만, 나이가 많아지고 면역력이 약해지면 중증으로 되는 경우를 볼 수 있다.

기생충이 번식하지 못하도록, 또한 예방책으로도 청결한 환경을 유지해야 한다.

✽기생충 감염을 예방하는 포인트

- 잠자리나 개집을 깨끗하게 관리하여 기생충이 번식하지 못하게 한다.
- 다른 개와 접촉한 후에는 몸을 체크한다.
- 다른 개의 용변에 가까이 접근하지 못하게 한다.
- 식기는 매일 사용할 때마다 씻는다.
- 벼룩 · 진드기 예방약을 사용한다.

✽기생충이 원인인 질병

- 회충증
- 편충증
- 구충증
- 촌충증
- 콕시디아증(coccidium)
- 지아루지아(Giardia Lamblia, 람블편모충)
- 바베시아(Babesia, 병원체 Babesia Ovata)

필라리아증

모기가 매개체가 되어 개 필라리아라는 기생충이 기생하는, 생명과 관계된 질병이다. 모기가 나타나기 시작하는 5월에 먼저 혈액검사와 체중체크를 한 후 투약(마시는 약)을 시작하여 완전히 모기가 사라지는 12월 중순까지 약을 계속 먹여야 한다.

약을 먹이는 시기는 수의사와 상담하여 결정한다.

벼룩 · 진드기

진드기가 피부병의 원인이 되거나, 벼룩이 개 촌충이라는 기생충의 매개체가 되는 경우도 있다. 진드기 · 벼룩 제거용 약을 뿌리거나, 산책할 때 개전용 벌레퇴치 스프레이를 사용하여 개에게 달라붙지 못하게 한다.

물론, 실내나 개의 잠자리를 깨끗하게 관리하여 진드기가 생기지 않도록 예방하는 것도 중요하다.

Special Care

정기검진

5살부터는 1년에 2회 정기검진을

질병을 미리 예방하기 위해, 또는 조기발견을 위해서도 5살까지는 1년에 1회, 그 이후부터는 1년에 2회 동물병원에서 검진을 받는다.

혈액검사, 경우에 따라서는 X선 촬영 등으로 질병을 조기에 발견할 수 있다.

소변검사

몸 어딘가에 이상이 생기면 소변으로 빠져 나가서는 안 되는 물질이 함께 나오기도 한다. 소변의 성분을 조사하면 질병을 조기에 발견할 수 있다.
검사 항목은 소변의 비중, 소변에 포함된 단백질과 당의 량, 혈액의 유무 등이다.

대변검사

소화기관을 통해 배설되는 변을 검사하는 것으로, 소화기관의 염증을 비롯한 이상이나 기생충 유무를 알 수 있다. 색, 냄새, 굳기, 이물질의 혼합 유무를 조사한다.

*건강한 개의 소변

검사항목	정상 소견
양	28 ~ 47ml / kg / 일
색	황색
혼탁도	투명
비중	1,015 ~ 1,045
PH	4.5 ~ 8.5
단백	(−) ~ 흔적
당	(−)
케톤(keton)체	(−)
빌리루빈	흔적
잠혈(미량 출혈)	흔적
적혈구	0 ~ 5(-시야 가운데)
백혈구	0 ~ 5(-시야 가운데)
상피세포	가끔 섞임
뇨원주(둥근기둥)세포	거의 없다
지방적	드물게 섞임
결정	(−)
세균	(−)

- 소변의 비중이 높다 ➡ 심부전, 당뇨병
- 소변의 비중이 낮다 ➡ 만성신장염, 자궁축농증
- 소변의 단백질이 많다 ➡ 신장병
- 소변에 당이 많다 ➡ 당뇨병
- 소변에 피가 섞여 있다 ➡ 요로결석증, 방광염, 전립선염
- 소변에 빌리루빈(bilirubin,적갈색 담즙색소)이 섞여 있다
  ➡ 간장 질환, 담도 질환

- 빌리루빈 수치가 높고, 유로비린(urobilin) 수치가 낮다 ➡ 황달이 있다. 간장 질환이나 담도 계통(담낭과 담관을 총칭)의 질병
- 기생충 알이 있다 ➡ 기생충병

혈액검사

혈액검사에서는 몸 전체의 건강상태를 알 수 있다. 혈액은 몸 전체를 돌며, 세포에 영양분과 산소를 공급한다.

또한, 동시에 세포로부터 불필요한 물질을 수거한다. 때문에 몸 어딘가에 이상이 생기면 혈액 속 물질에 변화가 나타난다.

일반 혈액검사에서는 적혈구나 백혈구 등의 상태를 조사한다.

적혈구의 수에 따라 빈혈 외에 탈수의 유무 등도 알 수 있다. 혈액의 농도를 조사하는 헤마토크리트(Ht or HCT Hematocrit)에서도 같은 내용을 알 수 있다.

백혈구의 수에 이상이 있을 때는 스트레스, 감염, 염증, 백혈병 등 여러 질병일 가능성이 있다. 혈소판의 수로는 혈액의 응고력 등을 알 수 있다.

생화학 검사에서는 혈액 속 단백질, 당, 지방, 크레아틴(creatine, 단백질의 대사산물, 운동 에너지를 만드는데 반드시 필요한 근육 속에 있는 아미노산의 일종), GPT나 GOT(간장 등에서 만들어지는 효소) 등 다양한 물질의 유무나 양 등으로 많은 질병에 대한 가능성을 알 수 있으며, 조기발견도 가능하다.

그 외에 필라리아(개 홍역) 증세도 혈액검사로 알 수 있다.

✱생화학 검사의 종류와 정상수치

검사항목	정상 수치
총빌리루빈(T - bill)	0.1 ~ 0.6 mg / dl
혈장 총단백(TP)	6 ~ 8 g / dl
혈당치(Glu)	60 ~ 110 mg / dl
혈중뇨소질소(BUN)	10 ~]20 mg / dl
크레아틴(Cre)	0.6 ~ 1.2 mg / dl
ALT(Alanine Aminotransferase) (GPT)	15 ~ 70 IU / l
AST(Aspartate Aminotransferase) (GOT)	10 ~ 50 IU / l
알카린 포스티제 (Alkaline Phosthase) (ALP)	20 ~ 150 IU / l
총콜레스테롤(T-Cho)	81 ~ 157 mg / dl
트리글리세리도 (Triglycerides) (TG)	10 ~ 42 mg / dl
칼슘(Ca)	8.8 ~ 11.2 mg / dl
인(P)	2.5 ~ 5 mg / dl
나트륨(Na)	135 ~ 147 mEq / l
칼륨(K)	3.5 ~ 5.0 mEq / l
클로르(염소) (Cl)	95 ~ 125 mEq / l

- 적혈구 수치가 낮다 ➡ 빈혈
- 백혈구 수치가 높다 ➡ 백혈병, 감염증, 염증, 스트레스
- 혈소판 수치가 낮다 ➡ 혈액응고력이 쇠퇴
- 혈당치가 높다 ➡ 당뇨병
- GPT, GOT의 수치가 높다 ➡ 간장질환
- 단백질 수치가 높다 ➡ 간장질환, 신장병, 그 외
- 뇨소질소, 크레아턴 수치가 높다 ➡ 신장병
- 필라리아 유충이 혈액 속에 있다 ➡ 필라리아증(개 홍역)

장수 비결

신체편

사고가 났을 때의 응급처치

응급처치가 빠르면 회복이 빠르다

예를 들어, 갑작스런 사고를 당하거나 발작을 일으키면 당황하게 되는 것은 애견이나 주인이나 똑같다. 그래도 만약 개가 다쳤거나, 쇼크를 받은 상태라면 진정시키고 조금이라도 편안하게 해 주는 것이 주인의 의무이다.

평소의 생활에서 개한테 일어날 수 있는 상처나 사고의 내용에 대한 대처방법을 익혀서 유사시에 대비하자.

동물병원으로 옮기기 전까지 가능한 할 수 있는 모든 조치를 취하면 회복도 빨라진다.

교통사고 **무조건 병원으로 옮긴다**

골절이나 출혈이 없어도 내장이나 뇌에 손상이 없다고 단정할 수 없으므로 서둘러 병원으로 옮긴다. 큰 타월이나 담요에 개를 누이고 들것처럼 이용하여 이동시킨다. 차에 태울 경우에는 골판지 상자 속에 눕혀서 가능한 몸을 움직이지 않게 하여 옮긴다.

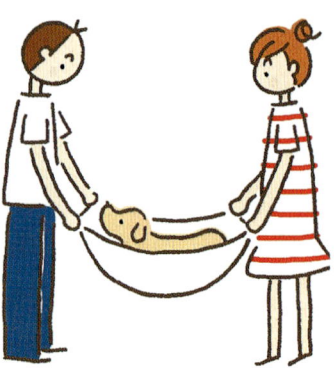

일사병
열사병 **먼저 몸을 식힌다**

한여름 산책이나 뜨거운 차 안에서 개가 거친 숨을 몰아쉴 때에는 이미 체온이 많이 상승해 있다는 증거다. 외출한 후 밖에서 일어난 경우이면 물에 적신 타월로 몸을 싼 후 곧바로 동물병원으로 옮긴다.

집으로 돌아온 후 나타난 증상이면 먼저 욕조에 넣고 그 위에 찬 물을 끼얹는다. 그렇게 몸을 식힌 후 젖은 타월로 싸서 냉각제나 얼음을 몸에 댄 채 병원으로 옮긴다.

감전 · 콘센트에서 코드를 뺀다

전기코드 등을 물어 뜯어 감전된 경우에는 개를 만지기 전에 먼저 코드를 콘센트에서 빼서 사람이 감전되는 것을 방지한다. 쇼크상태로 축 늘어져 있으면 안아서 들어올리지 말고, 대형 타월이나 담요 위에 눕히고, 그 상태로 들어서 옮긴다.

화상 · 냉수로 상처를 식힌다

화상을 입은 범위가 작고, 피부가 조금 붉어진 정도이면 욕조의 물에 담그거나 약한 수압으로 찬물 샤워를 시켜 환부를 식힌다.
그 다음에 냉각제나 얼음주머니를 상처에 대고 병원으로 옮긴다. 화상 정도가 심할 경우에는 아무것도 하지 않은 채 서둘러 병원으로 옮기는 것이 최선의 방법이다.

상처 · 피를 흘리면 지혈한다

벗겨진 상처에서 출혈이 적으면 상처 부위를 거즈나 손수건으로 지압하여 지혈시킨다. 그 다음 상처 부위를 소독하고 붕대로 감싼다.
출혈이 심한 부위가 다리인 경우에는 상처 부위를 그림처럼 누르는 것과 동시에 심장과 가까운 곳을 붕대나 넥타이 등으로 꽉 조여서 지혈시킨 다음 병원으로 옮긴다.

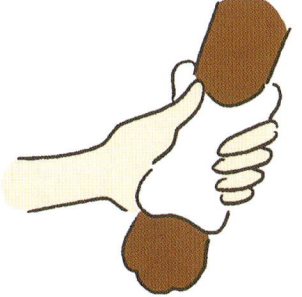

골절 · 부목이나 붕대로 고정한다

골절 부위에 거즈를 대고 부목(사용하지 않은 나무젓가락, 두꺼운 종이, 골판지 등)을 한 다음, 붕대로 감아서 고정시킨다.
소형견이면 골판지 상자 속에 넣어서, 대형견이면 받침대 등에 눕혀서 움직이지 않게 해서 병원으로 옮긴다.

장수 비결 심리편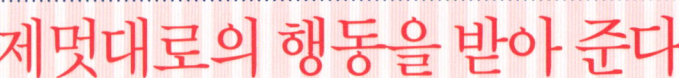

제멋대로의 행동을 받아 준다

개가 가장 기뻐하는 것은 주인이 사랑해 주고, 말을 걸어 주며, 보살펴 주는 것이다.

노령견이 되면 오감의 기능이 쇠퇴해져서 오는 불안함과, 마음대로 움직이지 못하는 불만 때문에 주인에게 버릇없이 하고 싶은 대로 하는 경우가 많아진다. 시키는 대로 하지 않거나, 붙임성이 없어지기도 한다.

그렇다고 야단치는 것은 다시 한 번 생각해 봐야 한다. 너그럽게 받아 주고, 변함없는 애정으로 대해 주자.

스트레스를 느끼면 심리적인 병이 생겨 때로는 신체에까지 증상이 나타나기도 한다.

애견의 몸과 마음의 건강을 유지하는 열쇠는 주인의 자세에 달려 있다.

≫ 스트레스가 일으키는 문제행동과 증상

분리불안증	강박신경증(상동증)	기타
● 외출할 때, 침착성이 없어진다 ● 혼자 집에 있을 때, 계속 짖는다 ● 혼자 집에 있을 때, 물건을 부순다 ● 혼자 집에 있을 때, 집을 어지럽힌다 ● 혼자 집에 있을 때, 대소변을 싼다 ● 집에 왔을 때, 지나치게 소동을 피운다	● 자신의 꼬리를 쫓아 돈다 ● 자신의 꼬리를 물어뜯는다 ● 무엇인가를 계속 쫓아간다 ● 몸의 한 부분을 계속 핥는다 ● 마당에 구멍을 계속 판다 ● 대소변을 싼다	● 탈모 ● 식욕부진 ● 설사 ● 특정 대상에게 짖는다

:: 애견의 스트레스를 가볍게 해주는 실천 포인트 ::

1 항상 화를 내거나 야단치지 않는다.

2 장시간 혼자 두지 않는다.

3 시간이 있을 때마다 말을 걸어 준다.

4 길들이기 훈련으로 무리한 요구를 하지 않는다.

5 주인의 기분에 따라 대하는 방법을 바꾸지 않는다.

분리불안증을 극복한다

불안함을 가볍게 해 준다

주인한테 의존심이 지나치게 강한 애견은 모습이 보이지 않으면 불안해져서 여러 가지 문제행동을 일으킨다. 그것을 야단치거나 측은히 여겨 미안하다고 하면, 개는 주인의 관심을 끈 것에 만족하여 같은 행동을 반복한다. 이런 행동을 방지하려면 강아지 때부터 혼자 보내는 시간을 습관들여 자립심을 키워 주는 것이 중요하다.

성견이 된 후에도 불안해하면 항불안제를 먹이고, 짧은 시간 집에 혼자 있는 것에 익숙해지도록 습관들이며, 서서히 시간을 늘리는 탈감작요법(脫感作療法)이라는 치료법으로 개선할 수 있다. 치료의 효과를 높이기 위해서 아래의 방법을 명심하자.

방법 1

외출하기 전 20 ~ 30분 사이에는 개한테 관심을 두지 않는다. 외출할 때도 개가 불안해하지 않도록 오히려 말을 걸지 않는다.

방법 2

평소에 애견의 장난감을 내놓은 채로 두지 말고, 놀 때 주인이 건네주는 것으로 주도권을 잡는다.

방법 3

집에 왔을 때 개가 난리를 쳐도 무시한다. 집에 혼자 있는 동안 집 안을 어지럽혔거나 대소변을 쌌어도 야단치지 않는다.

장수 비결
심리편

강박신경증을 극복한다

항우울제를 먹인다

충분한 운동량이 필요한 개, 작업견으로서 계속 움직여왔던 견종들한테 나타난다.

집 안이나 개집에 가만히 있는 시간이 길어지고, 산책이나 운동을 충분히 하지 못할 때 스트레스가 쌓인 결과, 개는 의미 없는 행동을 반복하게 된다. 자신의 꼬리를 물어서 상처를 내거나, 몸 일부분의 털을 입으로 물어 뽑거나, 피부염이 될 때까지 핥거나 한다.

항우울제 투여는 어느 정도 효과가 나타나지만 완치는 어렵다고 한다.

주인이 이런 질병을 예방하기 위해 해 주어야 하는 것은 다음과 같다.

방법 1

하루에 2회 이상 산책이나 운동을 잊지 않고 한다.

방법 2

스킨십을 한다.

방법 3

장시간 혼자 두지 않는다.

스 스트레스 없는 생활을

사람과 개의 관계는 아주 오래 전부터 밀접한 관계를 맺어왔다. 그만큼 옛날에는 없었을 것 같은 스트레스 상황에 개가 놓여져 있다.

주인의 지나친 간섭에 익숙해지면, 관심을 가져 주지 않을 때나 혼자 집을 볼 때 스트레스를 받게 된다.

개를 사람처럼 대하거나, 인형처럼 취급하면 개는 심한 스트레스를 받게 된다.

개는 개로서 대하는 것이 가장 중요하다.

장수 비결
심리편

스트레스를 극복한다

스트레스의 원인을 확인한다

주인이 주는 스트레스뿐만 아니라, 주변의 생활환경에서 개가 받는 스트레스도 있다.

소음이나 천둥, 벼룩·진드기의 기생충에 의한 만성적인 가려움, 같이 사는 친하지 않은 동물, 주인의 애정을 빼앗은 새로운 애완동물이나 갓난아기 등의 존재……. 개는 단순하고 순진한 동물

일지도 모른다.

이런 원인들은 아예 익숙하게 습관을 들이거나, 말끔히 제거해 주는 방법밖에 없다. 무엇이 애견이 받는 스트레스의 근본 원인인지를 살펴보고 확인하는 것부터 시작하자.

쿵

쿵

아아아~~~

소음은 심리적인 스트레스를 주고,
신체에도 이상을 가져온다.

새로운 가족에 질투하는 것도
스트레스 현상이다.

아이 이뻐라

좋아좋아

친해지기 어려운 가족 구
성원의 존재도 스트레스
의 원인이다.

스트레스의 원인을 없애서
건강한 생활이 되게 하자

살아가는 보람을 찾아 주자

● **개한테도 스트레스가 많은 생활환경으로 변하고 있다**

스트레스 해소를 위해서 애견이 즐겁게 몰두할 수 있는 것을 어렸을 때부터 찾아 주자. 산책만으로는 부족하다면 플라잉디스크(원반던지기), 공놀이, 수영, 하이킹, 어질리티(장애물놀이) 등 스포츠에 주의를 집중시켜 보자.

훈련소에 보내거나, 재해 구조견이나 봉사활동을 훈련 받는 것도 좋을 것이다.

무언가 몰두하는 것이 있으면 개는 스트레스를 느끼지 못하고, 하루 하루의 생활을 즐겁게 지낼 수 있을 것이다.

견종별
장수 비결

견종별 장수 비결

미니어처 닥스훈트 Miniature Dachshund

관절을 다치지 않도록 항상 조심스럽게 생활한다

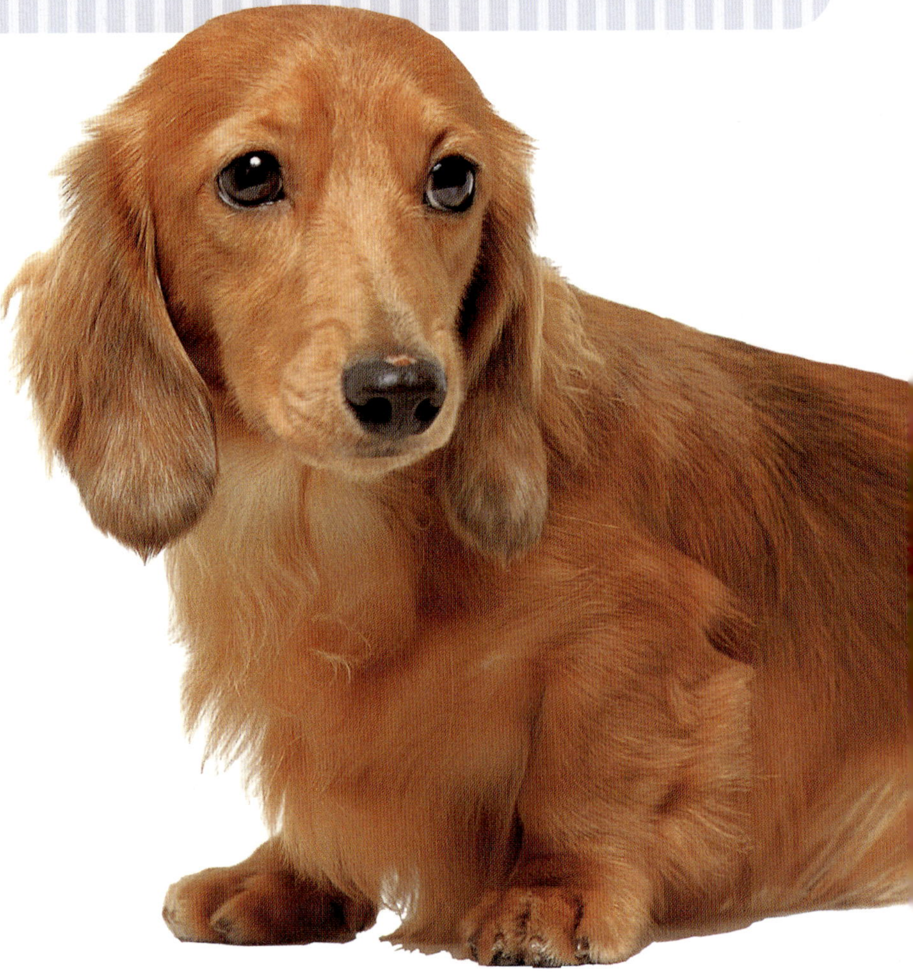

닥스훈트는 4살이 넘으면 추간판헤르니아가 나타날 위험성이 높은 개다.

강아지 때부터 다리와 등에 부담을 주지 않도록 항상 주의해야 한다.

운동할 때는 무리한 점프는 시키지 않고, 원반 던지기를 할 때는 높이 날리지 않고 낮게 던진다.

콘크리트에서는 점프하지 않게 하고, 흙이나 잔디 위에서 놀게 한다.

비만해지면 다리와 허리에 부담을 준다. 닥스훈트는 뚱뚱해지기 쉬운 체질이므로, 식사관리를 철저히 해야 한다.

🐾 Point

● 무리한 점프는 금지한다

● 비만에 주의한다

● 귀 청소를 정성껏 꼼꼼히 한다

D·A·T·A

원산지 독일
체중
암수 모두 생후 12개월이 지나
도 체중은 4.8kg을 안 넘는다

[이런 질병에 주의]

● 각막염 ➡ 35P.
● 백내장 ➡ 34P.
● 추간판헤르니아 ➡ 50P.
● 당뇨병 ➡ 57P.

닥스훈트와 함께 하는 즐거운 생활

등산에 도전해 보자

닥스훈트는 원래 들과 산을 뛰어달리는 사냥개다.
때때로 등산할 때 데려가서 마음껏 달리게 해 주자.
스트레스, 운동 부족도 해소할 수 있다.
또한, 산을 걷는 것으로 몸과 마음이 건강해진다.

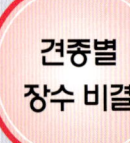

치와와 Chihuahua

평소 눈에 대한 질병을 체크한다

몸집이 작은 치와와는 다른 견종에 비해 체력이 떨어진다.

이 점을 잊지 않고 건강관리에 주의해야 한다.

특히, 머리에 충격을 받지 않도록 조심한다. 계단이나 의자에는 올려놓지 않는다.

가구 모서리에는 보호 쿠션을 댄다.

또한, 눈이 크기 때문에 바람이 심하게 부는 날에는 눈에 먼지가 들어가는데 그대로 두면 염증을 일으킨다. 눈을 비비거나, 눈이 빨갛거나, 눈곱이 끼어 있으면 눈병을 의심해 본다.

 Point

● 눈 관리를 소홀히 하지 않는다

● 높은 곳에는 올라가지 못하게 한다

● 방한 대책을 세운다

D·A·T·A

원산지 멕시코
체중
암수 모두 2.7kg 이하이고,
표준 체중은 1~1.8kg

[이런 질병에 주의]
● 건성 각막염 ➡ 35P.
● 승모판폐쇄부전증 ➡ 43P.
● 기관허탈 ➡ 40P.

치와와와 함께 하는 즐거운 생활

밖에 자주 데리고 나가자

몸집이 작다고 해서 산책을 시키지 않고 안아주기만 하면, 몸이 점점 약해지고, 주인에게만 의지하게 된다. 밖에 데리고 나가 다양한 체험을 시키자.
원래 호기심이 왕성한 개이기 때문에, 심리적으로도 강해질 것이다.

웰시 코기 펨브로크 Welsh Corgi Pembroke

살찌지 않는 식생활과 운동을

웰시 코기 펨브로크가 먹고 싶어하는 대로 음식을 주면 비만해진다. 지나치게 살이 찌면 척추와 고관절에 부담을 주므로 주의한다.

또한, 비만은 내장 질환을 일으키는 원인도 된다. 식사는 정해진 양을 주고, 영양이 골고루 들어 있는 음식을 준다.

스포츠를 매우 좋아하는 웰시 코기 펨브로크이지만 무리한 점프는 시키지 않는다.

추간판헤르니아, 고관절형성부전에 주의한다.

 Point

- 비만에 주의한다
- 털 손질을 꼼꼼하게 한다

[이런 질병에 주의]

- 피부병 ➡ 53P.
- 추간판헤르니아 ➡ 50P.
- 요로결석증 ➡ 47P.

D·A·T·A

원산지 영국
신장
암수 모두 25 ～ 30.5cm
체중
10 ～ 13.5kg

웰시 코기 펨브로크와 함께 하는 즐거운 생활

스포츠로 스트레스를 발산하자

웰시 코기 펨브로크는 운동 능력이 뛰어난 개다.
운동이 부족하면 스트레스가 쌓이므로, 1주일에
1번은 넓은 장소에서 마음껏 뛰게 하 자.
공을 던져 가져오게 하는 것은 좋은 운동이다.

시추 Shih Tzu

털 관리를 게을리하지 않는다

시추의 털은 길고 풍성하다. 피부병 예방을 위해서도 털 손질은 반드시 필요하다.

특히, 코 주위의 털을 주의해야 한다. 코를 중심으로 마치 국화꽃이 핀 것처럼 자라기 때문에, 눈에 털이 들어가서 눈병이 많이 나타난다.

눈물과 눈곱이 잘 생겨 눈물자국이 생기거나 눈에 염증을 일으키기 쉽다. 털은 짧게 자르거나 묶는다.

귀의 털도 자주 깎아주자. 귀가 늘어졌기 때문에 귓속에 습기가 차서 염증이 생기기 쉽다.

짓무르고 귀지가 쌓이면 귓병이 생기기 쉬우므로 귀 관리를 정기적으로 한다.

D·A·T·A

원산지 중국
신장
암수 모두 27cm 이하
체중
암수 모두 8kg 이하,
표준 체중은 4∼7kg

 **Point**

● 브러싱을 정성스럽게 자주 한다

● 눈 주위의 손질을 자주 꼼꼼하게

[이런 질병에 주의]

● 알레르기성 피부염 ➡ 53P.

● 결막염 ➡ 35P.

● 당뇨병 ➡ 57P.

시추와 함께 하는 즐거운 생활

산책을 좋아하는 개로 길들이자

시추는 가만히 자리에 앉아서 지내는 종류라고 생각
하여, 그다지 밖에 데리고 나가지 않아도 괜찮다고
생각하기 쉽다.
그러나 시추는 원래 활기 넘치는 종류다. 몸도 튼튼
하므로, 적극적으로 산책에 데리고 나가자.

견종별 장수 비결

래브라도 레트리버 Labrador Retriever

털 손질로 피부병을 예방한다

래브라도 레트리버는 고관절형성부전이 걸리기 쉬운 개다.

강아지 때에는 무리한 운동을 시키지 않는다. 성견이 되어도 비만해지지 않도록 관리하여, 다리와 허리에 부담이 가지 않게 한다.

털이 짧지만 털갈이 시기에는 털이 많이 빠진다. 슬리커 브러시로 정성스럽게 꼼꼼히 빗질하여 빠진 털을 제거한다. 그대로 두면 털이 뭉치고 통풍이 안 되어 피부에 염증이 생기고 피부병의 원인이 된다.

아래로 처진 귀는 통풍이 잘 되지 않아 귓속이 짓무르기 쉽다. 1주일에 1번은 귀 로션을 바른 면봉으로 닦아 준다.

🐾 Point

- 귀 청소를 꼼꼼히 신중하게 한다
- 음식 관리로 비만을 예방한다
- 브러싱으로 빠진 털을 제거한다

D·A·T·A

원산지 영국
신장
수캐 56 ～ 62cm
암캐 54 ～ 59cm

[이런 질병에 주의]

- 백내장 ➡ 34P.
- 당뇨병 ➡ 57P.

래브라도 레트리버와 함께 하는 즐거운 생활

야외 생활을 적극적으로 즐기자

래브라도 레트리버는 호기심이 왕성하다. 자유롭고 건강하게 키우자.
야외에서 노는 것을 매우 좋아하므로, 산이나 바다에 데려간다. 원반던지기(플라잉 디스크)를 할 때는 바닥이 부드러운 곳에서 한다.

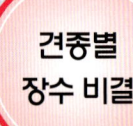

견종별
장수 비결

요크셔테리어 Yorkshire Terrier

브러싱을 매일 한다

긴 털이 매력적인 요크셔테리어이지만, 털 손질이 소홀하면 질병에 걸리기 쉽다.

끊어진 털이나 뒤엉킨 털이 뭉치고, 그곳에 습기가 차서 염증을 일으키는 경우도 있다.

매일 브러싱을 하여 털과 피부 사이에 통풍을 시킨다. 눈과 입 주위의 털은 조금씩 묶어서 눈과 입에 털이 들어가는 것을 막는다.

매일 양치질을 하면 치아 질병을 막을 수 있다.

 **Point**

● 털 손질을 정성스럽게 꼼꼼히 한다

● 1주일에 1번은 귀 청소를 한다

[이런 질병에 주의]

●승모판폐쇄부전증 ➡ 43P.
●기관허탈 ➡ 40P.

D·A·T·A

원산지 영국 요크셔 지방
체중
암수 모두 3kg 이하로,
표준 체중은 2kg

요크셔테리어와 함께 하는 즐거운 생활

여러 애견들과 어울리게 하자

요크셔테리어는 작은 몸집이지만 활달한 성격의 개다. 집 안에서만 운동시키지 말고, 밖으로 데리고 나가자.

성격이 강하기도 하지만, 다양한 개들과 어울려서 사회성을 길러 주는 것도 중요하다.

견종별
장수 비결

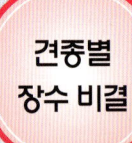

파피용 Papillon

눈 주위의 관리를 잊지 말자

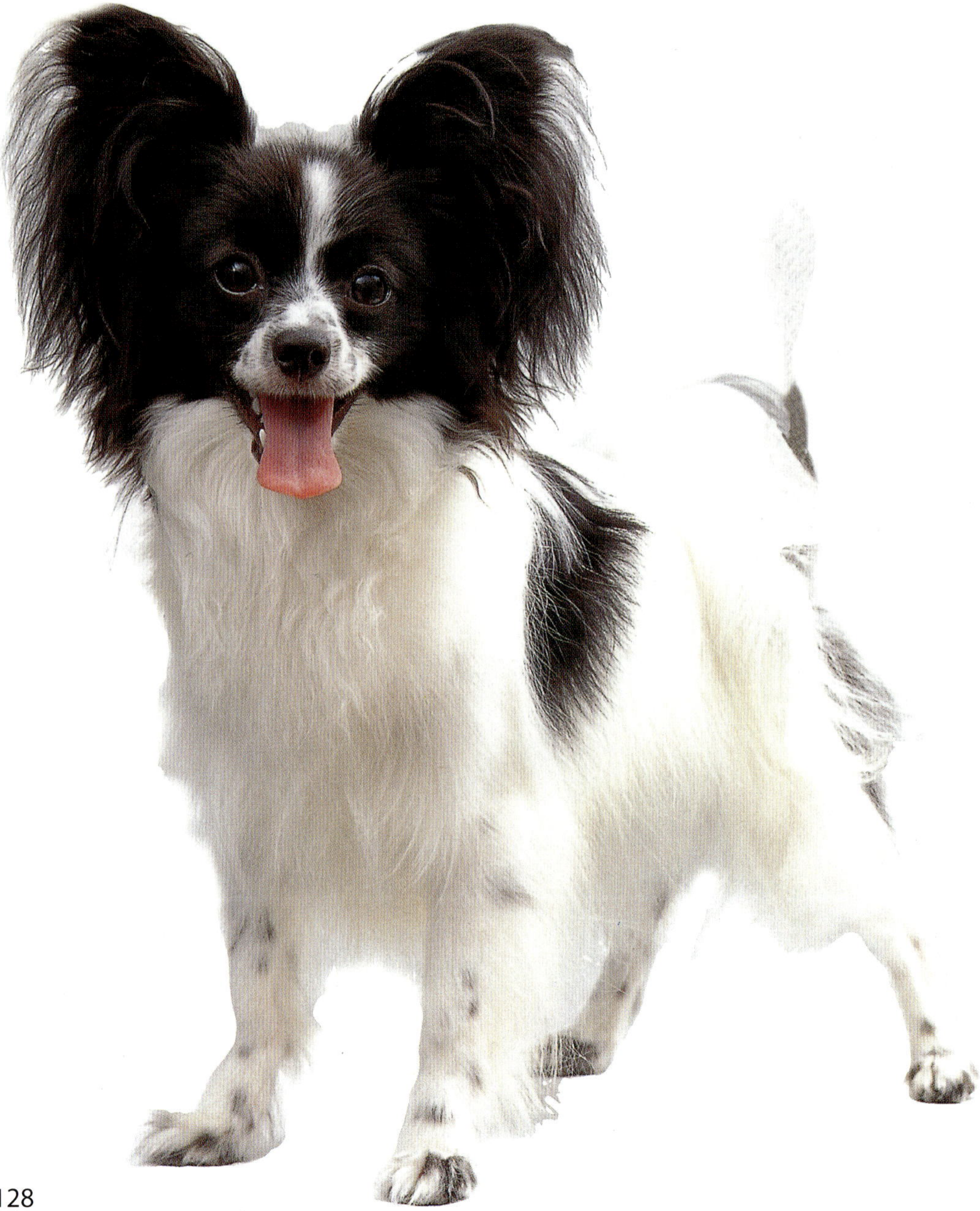

부드럽고 아름다운 털은 파피용의 외모에서 눈에 띄는 매력이다.

눈 주위의 장식 털이 눈에 들어가면 염증이 생겨 눈 질병을 일으키므로 깎아 줘야 한다.

브러싱은 매일 하며, 샴푸는 1달에 1번 정도가 기본이다.

귓속 털도 깎아 준다. 귀 안쪽의 털이 길면 세균이 번식하기 쉽고, 습기도 찬다.

Point

- 매일 브러싱을 한다
- 귀 청소를 자주 한다
- 눈 주변을 정성스럽게 관리한다

D·A·T·A

원산지	유럽(프랑스, 벨기에)
신장	
암수 모두 20~28cm	

[이런 질병에 주의]

● 백내장 ➡ 34P.

파피용과 함께 하는 즐거운 생활

도시적인 감각을 키우자

소형견이지만 보기와는 달리 활발하고 튼튼하다. 자주 밖에 데리고 외출하자.
프랑스 왕실에서 사랑받던 파피용은 도시적인 감각을 지니고 있다. 애견옷이 잘 어울리므로 옷을 고르는 재미도 즐겨 보자.

토이 푸들 Toy Poodle

영양이 골고루 든 음식을 준다

🐾 Point

● 비만에 주의한다

● 털 손질을 정성스럽게 한다

● 귀 손질을 한다

[이런 질병에 주의]

● 과민성피부염 ➡ 53P.
● 호르몬 이상에 의한 피부병 ➡ 53P.

푸들은 날씬하고 연약해 보이지만 튼튼하고 건강한 개다. 단, 비만해지기 쉬우므로 사람이 먹는 음식은 주지 않도록 한다.

푸들은 머리가 좋아 사람이 먹는 음식을 한번 주면 그 맛을 기억하고 조르게 된다.

털갈이를 하지 않으므로 털 손질은 매일 2, 3분 정도 브러싱 하는 것으로도 충분한데, 이것은 털이 뭉치는 것을 막고, 혈액순환도 좋아지게 한다.

푸들과 함께 하는 즐거운 생활

누가 뭐래도 애견의 여왕

푸들은 영리해서 훈련을 빨리 마스터한다. 「앉아, 엎드려, 기다려」 등을 훈련시켜 애견 카페에 데려가거나 쇼핑을 즐겨보자.

화려한 분위기가 잘 어울리는 개이므로 자주 데리고 나가자.

골든 레트리버 Golden Retriever

털과 귀 관리를 잘하자

 Point

- 귀 청소를 꼼꼼히 자주 한다
- 브러싱을 매일 한다
- 다리와 허리에 부담을 주지 않는다

[이런 질병에 주의]
- 피부병 ➡ 53P.
- 백내장 ➡ 34P.

우아하게 살랑거리며 흔들리는 황금빛 털은 골든 레트리버의 매력이다.

아름다운 털을 유지하고 피부병을 예방하기 위해서 매일 브러싱을 해 주어야 한다.

피부병 이외에 귀의 질병도 주의한다. 털이 길고, 귀가 아래로 늘어졌기 때문에 귓속이 짓무르기 쉽다. 1주일에 1번 귀 청소를 하여 귀지와 더러운 것을 닦아 준다.

고관절형성부전이 자주 나타나는 견종이므로, 골격 형성이 불완전하면 다리와 허리에 부담을 주지 않도록 주의한다.

D·A·T·A

원산지	영국(스코틀랜드)
신장	
수캐	56~61cm
암캐	51~56cm

골든 레트리버와 함께 하는 즐거운 생활

견종 중 최고의 우등생

정이 많고 온화한 성격인 골든 레트리버.
확실히 애견 중에서 가장 훌륭한 우등생이다.
훈련이나 놀이, 스포츠 등 무엇이든 과제가 주어지면 기
뻐하면서 즐겁게 해내는 재능이 있다. 여러 가지 일에 도
전해 보자.

포메라니안 Pomeranian

골절이나 상처에 주의한다

 Point

- 비만이 되지 않게 관리한다
- 높은 곳에 오르지 못하게 한다
- 더위 대책을 세운다

[이런 질병에 주의]

- 승모판폐쇄부전증 43P.
- 기관허탈 ➡ 40P.
- 자궁축농증 ➡ 48P.

D·A·T·A

원산지 포메라니안 지방
(독일 동부와 폴란드 서부에 걸친 지역)
신장 암수 모두 20cm 전후
체중 1.3~3.2kg으로
이상 체중은 1.8~2.3kg

포메라니안의 털은 풍성하고 아름답지만, 몸은 의외로 연약하다. 특히, 다리가 가늘고 뼈가 약하기 때문에 작은 충격에도 골절되는 경우가 있다.

포메라니안이 생활하는 방에는 높은 가구나 의자를 놓지 않는다.

그리고 비만은 다리에 부담을 주고, 탈구의 원인이 될 수도 있으므로 음식 관리를 철저히 해야 한다.

식사량이 적으므로 영양이 골고루 들어 있는 음식을 주고, 한여름 더위에 약하므로 산책은 피한다.

견종별 장수 비결

미니어처 슈나우저 Miniature Schnauzer

얼굴 주위의 털을 손질한다

🐾 Point

● 털 손질과 커트를 자주 한다

● 비만이 되지 않게 관리한다

● 눈 관리를 잊지 않고 한다

[이런 질병에 주의]

● 알레르기성 피부염 ➡ 53P.

D·A·T·A

원산지 독일
신장
30~35cm
체중
8.2kg 이하

뻣뻣한 털이 매력적인 슈나우저이지만 털 손질을 소홀히 하면 안 된다.

특히, 눈썹 털과 콧수염 털은 슈나우저의 매력 포인트다. 정성들여 자주 손질하지 않으면 털이 길게 자라 눈과 입 주위를 자극하여 염증을 일으킨다.

눈곱이 있는지, 눈이 빨갛게 되었는지 등을 자주 체크한다. 입 주변에 음식 찌꺼기가 묻어 있으면 세균이 번식하기 쉬우므로 식사 후에는 반드시 입 주변을 닦아 준다.

미니어처 슈나우저와 함께 하는 즐거운 생활

함께 거리로 나가 보자

밝고 호기심이 왕성한 개다. 사회성을 키우기 위해서도 적극
적으로 밖에 데리고 나가자.
경계심이 적어지고, 말을 잘 듣게 되는 온화한 성격으로 자라
게 된다. 애견옷도 잘 어울리므로 옷 가게에도 데려가자.

퍼그 Pug

주름과 주름 사이를 손질한다

몸집이 작지만 의외로 튼튼하다. 단, 얼굴에 주름이 많기 때문에 주름 사이에 오물이나 먼지가 끼기 쉽다. 그대로 두면 세균이 번식하여 염증을 일으키므로, 매일 브러시로 빗질할 때 주름진 곳을 펼쳐서 수건으로 닦아 준다.

또한, 낮은 코 때문에 기관지와 호흡기 질병이 많은데, 코 고는 소리가 크면 병원에 데려가 진찰을 받아 본다.

살찌기 쉬운 체질이므로, 음식 관리를 철저히 한다.

Point

● 주름에 오염물이 끼지 않게 한다

● 더위 대책을 세운다

● 비만에 주의한다

[이런 질병에 주의]

● 기관허탈 ➡ 40P.
● 피부병 ➡ 53P.

D·A·T·A

원산지 중국
체중
6.3∼8.5kg

퍼그와 함께 하는 즐거운 생활

동료들과 어울려 놀게 하자

퍼그는 협조성이 많은 개다. 수많은 개들을 돌보는 리더의 자질을 갖추고 있다. 동료들과 어울리면서 노는 자리를 마련해 주어 리더십을 발휘할 수 있게 해 보자. 자신감 넘치는 활발한 성격이 나타난다.

수캐와 암캐 중 어느 쪽이 더 오래 살까?

소형견과 대형견을 비교하면 소형견이 더 오래 산다. 실내견과 밖에서 기르는 실외견을 비교해 보면 실외견보다 실내견이 장수한다. 그럼 수캐와 암캐는 어느 쪽이 더 장수할까?

인구조사처럼 통계가 나와 있는 것이 아니어서 정확히는 알 수 없다. 단, 암수 모두 거세나 피임수술을 하면, 생식기의 질병을 예방할 수 있어 장수한다고 볼 수 있다.

또한 애견의 경우, 장수의 여부는 개의 생활환경에 따라 크게 좌우된다. 암수 성별의 차이보다 어떻게 관리하고 보살펴 주느냐가 더 중요하다.

수캐, 암캐 모두에게 걸리기 쉬운 질병을 미리 알아두어 조기에 예방하는 것이 장수를 위한 첫걸음이다.

●**수캐에게 많은 질병**
추간판헤르니아
갑상선기능 저하증
요독증
정류고환
전립선 비대
전립선염
전립선 종양

●**암캐에게 많은 질병**
자궁축농증
유방암
유선염
질염

크 으~~응

찍·찍·찍

평온하게 살아가는
애견의 일생

 **애견의 일생**

건강하게 장수하는 비결

유견기 | **생후 1년까지**

기초 체력과 성격이 형성되는
매우 중요한 시기

성견기 | **1～7살**

몸과 마음의 성장이
최고가 되는 시기

애견의 몸과 마음의 변화에 대하여 지식을 갖추자

애견의 나이가 고령이 된 후에 당황하여 대처하지 말고, 강아지 때부터 건강관리에 경험을 쌓아두는 것이 가족과 같은 애견이 건강하게 오래 장수하는 비결이다.

강아지 시기부터 식사, 운동, 길들이기 등 주인이 잘못 들인 습관 때문에 애견한테 질병이 생기는 경우가 많다.

깊은 애정을 갖고 애견을 대하는 것과 마찬가지로, 개의 습성이나 심신의 변화에 대해서 정확한 지식을 갖고 대하는 것이 매우 중요하다.

귀엽고 사랑스럽다고 식탁에서 음식을 주어 그 결과 비만 때문에 애견을 고통 받게 할 것인지, 아니면 그야말로 정말 사랑하기 때문에 개한테 주고 싶은 마음을 꾹 참고 먹고 싶어 하는 마음을 포기시킬 것인지, 생활하면서 항상 이와 같은 선택 때문에 망설여지는 상황이 많이 일어난다.

가족 모두 합심하여 온 가족이 일관된 규칙으로 애견을 대하는 것이 매우 중요하다.

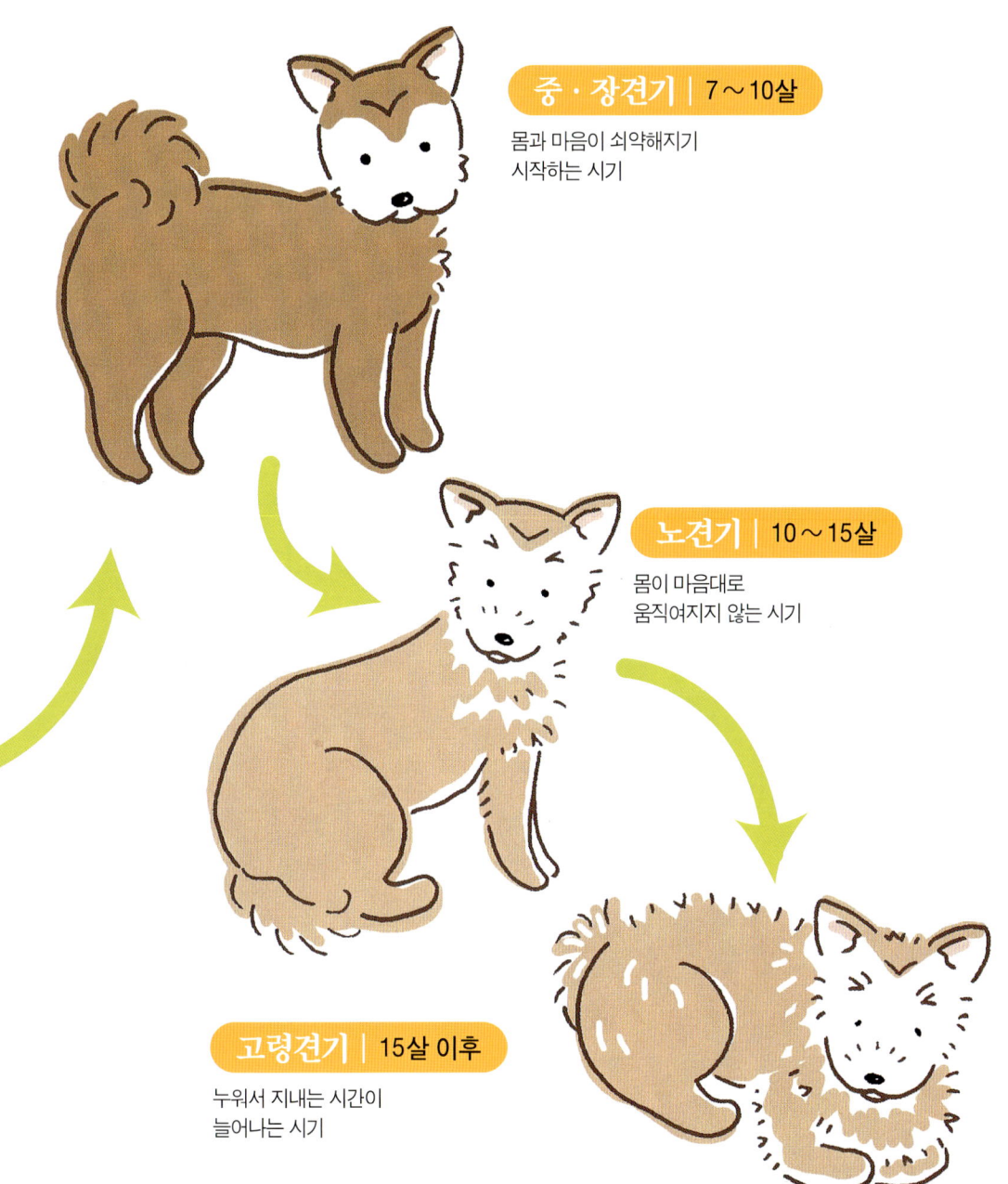

중 · 장견기 | 7 ～ 10살

몸과 마음이 쇠약해지기
시작하는 시기

노견기 | 10 ～ 15살

몸이 마음대로
움직여지지 않는 시기

고령견기 | 15살 이후

누워서 지내는 시간이
늘어나는 시기

평온하게 살아가는 애견의 일생

애견의 일생을 사람과 비교하면 짧고, 대부분의 주인은 애견이 탄생할 때부터 숨을 거둘 때까지 인생의 처음과 끝을 지켜보게 된다. 개한테 주인의 영향력이 매우 크다는 것을 인식하고, 애견의 일생을 맡고 있다는 책임감을 갖고 수명을 다할 수 있게 도와 주어야 한다.

part 4에서는 삶의 주기에 따른 심신의 변화와 주의할 점을 설명하려고 한다.

기초 체력과 성격 형성에 중요한 시기

잘 자는 강아지는 잘 큰다

강아지는 아무튼 잘 잔다. 생후 1개월까지는 하루에 반 정도를 잠으로 보낸다고 해도 과언이 아니다.

이 시기의 수면은 매우 중요하며, 생후 3개월 까지는 수면시간이 길면 길수록 성장에 플러스가 된다. 생후 1년 동안 사람의 나이 16살까지 성장한다. 4개월쯤부터 강아지 나름대로 먹고, 놀고, 자는 생활 리듬이 형성된다.

모유에서 이유식, 강아지 사료로

생후 3주 정도까지는 모유나 우유만을 먹인다. 젖니가 나기 시작하면 이유식과의 혼합 메뉴를 시작한다.

서서히 이유식만을 먹이면서 젖니가 다 자라는 2개월쯤부터 강아지 전용 사료로 바꾼다.

사료 겉포장에 쓰여진 식사량을 기준으로 하루에 3~4회 나누어 준다. 강아지는 1번에 많은 양을 먹지 못하므로, 충분히 영양을 섭취할 수 있도록 식사 횟수를 늘려야 한다.

쪼—옥 맛있다

먹고 잠자는 방 만들기

자고 있을 때는 가만히 그대로 두어야 한다. 여름에는 에어컨 바람이 직접 닿지 않게 하고, 겨울에는 틈새바람이 들어오지 않게 주의한다. 타월이나 담요 등을 준비한다.

잠자리는 조용한 곳을 선택한다. 사람이 자주 출입하는 곳, 바깥 소음이 들리는 장소는 피한다.

백신 접종으로 면역력을 강화시킨다

강아지를 낳고 3일 후에 나오는 초유를 먹으면 강아지는 어미의 면역성을 체내에 흡수한다(이행면역). 이것에 의해 강아지는 여러 가지 병원균으로부터 보호를 받는다.

그러나 그 효력이 서서히 감소하여 생후 50~60일이면 면역성이 없어진다.

면역력이 떨어지면 감염되고 병에 걸리기 쉬우므로 생후 40일쯤에 1번째 백신을 접종한다.

단, 이 때 이행면역이 몸 속에 남아 있으면, 접종한 백신은 다른 물질로 변해 배설되므로 효과가 없다.

그렇기 때문에 1차 백신 후 3주 ~ 1개월 후에 2번째 백신을 접종한다. 이 백신 접종이 끝나면 산책할 준비가 된 것이다.

그리고 광견병 예방주사도 매우 중요하다. 예방 접종은 주인의 의무이므로 잊지 않고 맞히도록 한다.

:: 성장에 따라 면역력을 기르자 ::

| 어미견의 태내 | 탄생 | 강아지 생후 4주간 | 강아지 생후 2개월 | 강아지 생후 3개월 | |

어미견의 면역   면역력이 없어진다   자기 면역

백신
1번째

백신
2번째

초유에 들어 있는 면역성을
체내에 흡수한다

유견기

신체편

수캐의 마킹marking이 시작된다

마킹은 영역의식의 표현이며 본능인데, 수캐는 강아지 때부터 이미 마킹 행동을 한다.

본래 야생동물은 마킹으로 자신의 영역을 지킨다. 즉 마킹은 성장하고 있다는 증거다.

그러나 사회에서 애견이 사람과 함께 살아가기 위해서는 함부로 마킹하지 못하도록 길들여져야 한다. 마킹을 해도 좋은 장소, 하면 안 되는 장소를 가르친다.

실내 화장실에서 용변을 가릴 수 있게 되었을 때, 즉 화장실 훈련을 마치는 생후 약 6개월까지 실내 마킹은 해서는 안 된다는 것을 가르쳐서 기억시켜야 한다.

암캐는 생후 6개월에 첫 발정기를 맞이한다

암캐의 경우, 생후 6개월이 지나면 첫 발정기를 맞이하므로 그 때 강아지 시기가 끝난다고 볼 수 있다. 수캐와 접촉하지 못하도록 주의를 기울인다.

또한, 출산 예정이 없는 암캐는 생식기 계통의 질병을 예방하기 위해서 첫 발정기 전에 피임수술을 하는 것이 바람직하다고 한다. 수의사와 잘 상담해 보자.

찍·찍·찍

＊ 수술비용의 기준

피임	5만 ~ 20만원
거세	6만 ~ 8만원

소 변에는 정보가 가득하다

소변에는 여러 가지 다양한 정보가 들어 있다. 전봇대에 묻어 있는 냄새를 맡는 것만으로도, 언제, 어떤 개가 이곳을 지나갔는지, 어떤 암캐가 발정하고 있는지도 알 수 있다고 한다.

즉, 소변은 개들만의 게시판인 셈이다.

킁킁─응

털갈이 시기에는 브러싱을 꼼꼼히 정성스럽게

털이 긴 장모종은 털이 고르게 정리되어 윤기 나는 아름다운 외모가 갖추어지는 나이다.

브러싱을 하면 피부병을 예방하거나, 일찍 발견할 수 있고, 진드기와 벼룩 등을 없앨 수 있다.

질병에 걸리면 털이나 피부에 영향이 미친다. 애견이 건강하게 장수하기 위해서는 주인이 얼마나 일찍 발견하느냐에 달려 있다.

털갈이 시기에는 특히 정성들여 피부를 체크하자. 빠진 털은 피부의 털과 엉켜서 뭉치기 쉽다. 꼼꼼히 정성스럽게 브러싱을 해서 빠진 털을 정리해 주어야 한다.

:: 진드기 · 벼룩을 없애는 방법 ::

1 집 안을 부지런히, 구석구석 청소기로 청소하고, 배출되는 공기를 애견이 호흡하지 못하게 한다.

2 벼룩, 진드기를 없애는 약이나 스프레이를 사용한다.

3 샴푸나 빗 등 벼룩제거 용품을 이용한다.

4 산책 후에는 반드시 브러싱을 하여 벼룩, 진드기가 있는지 체크한다.

충분한 운동은 마음도 건강해진다

산책은 개한테 식사와 마찬가지로 최대의 즐거움이다. 바깥 공기를 마시고, 다양한 냄새를 맡는 것으로 기분이 상쾌해진다. 또한, 몸집과 견종에 따른 운동량을 충분히 갖는 것만으로도 스트레스가 쌓이는 것을 피할 수 있다.

체력이 왕성한 이 시기에 집 안에만 있거나, 마당에 묶어만 놓지 말고, 하루에 1～2회 정도 산책을 겸해 적극적으로 운동을 시키자.

편안함을 주고, 자립심을 키운다

1～2살이면 몸은 완전히 성견이지만, 마음은 아직 어린 경우가 있다. 강아지 때와 마찬가지로 애정을 주고, 다정하게 말을 걸어 주며, 함께 놀아 주거나 몸을 만지고 쓰다듬어 주는 등, 애견이 안심하도록 대하는 것이 매우 중요하다.

또한, 동시에 혼자서 편안하게 지낼 수 있는 장소(케이지, 침대)와 시간을 갖게 해 주어 자립심을 키우는 것도 잊지 않는다. 개가 혼자 있어도 안심할 수 있으면 문제행동도 예방할 수 있다.

터벅터벅

Take a Break

다양한 체험을! 야외 생활에 도전하자

성견기는 몸과 마음이 건강한 시기이므로 다양한 여러 가지 체험을 통해 호기심을 충족시켜 준다.
야외 스포츠에 도전하거나, 여행을 떠나거나, 애견쇼, 경기대회 등 흥미 있는 것에 계속 도전해 보자.

길들이기로 스트레스를 없애고, 장수의 길로

산책할 때 리드를 힘차게 당기면서 걸어가거나, 가구 또는 가족의 물건에 장난을 치거나, 계속해서 쓸데없이 짖는 등, 1살이 지나도 문제행동이 줄어들지 않는 경우에는 주인이 리더로서 인정받지 못한 경우일 수도 있다.

과잉보호로 곁에 바싹 붙어 있거나, 지나치게 귀여워한 애견일수록 제멋대로 주인의 지시에 따르지 않는 경우가 많기 때문이다.

산책 방법을 기본부터 확실히 다시 가르쳐서, 리더가 주인이라는 것을 인식시키자.

갑자기 어떤 계기를 통해 애견이 주인한테 신뢰감이나 복종심이 생겨 문제행동이 사라지는 경우가 있다.

문제행동을 고치지 않으면, 애견을 야단치는 경우가 많아진다. 애견한테도 그것은 커다란 스트레스가 된다. 스트레스가 있으면 건강하게 오래 살 수 없다.

길들이는 것은 장수의 비결이기도 하다.

:: 길들이기의 기본을 철저하게 훈련 ::

기본적인 길들이기를 훈련 받은 개는 주인에게 복종한다. 해서는 안 되는 일을 할 때는 「안 돼」라는 한마디로 그만두게 된다. '말을 듣게' 하려면 기본적인 길들이기를 여러분의 지시에 따르도록 훈련시킨다.

기다려
지시가 있을 때까지 가만히 기다린다

앉아
앉아서, 다음 지시를 기다린다

엎드려
앞발과 배를 바닥에 붙이고 엎드린다

이리 와
「이리 와」하고 부르면 바로 달려온다

옆에 (붙어)
여러분의 왼쪽에 바싹 붙어 걷는다

중장견기
신체편

7 ~ 10살

몸과 마음이 쇠약해지기 시작한다

식사도 운동도 조금 줄여서

소화기와 이가 약해지기 시작하여, 성견기에 비해서 식욕이 감소한다.

먹기 쉽고, 소화가 잘되는 시니어 전용 사료로 바꾸기 시작하는 것도 이 시기부터다.

당뇨병 등 지병이 있는 경우에는 식생활에 대해서 수의사의 지도에 따르는 것이 중요하다.

또한, 다리와 허리가 약해지고 체력이 떨어져 운동량도 줄어든다.

산책할 때의 속도와 거리는 애견의 몸 상태에 따라서 맞춘다. 애견의 동작이 조금 느려지는 듯하면 몸 상태를 체크한다.

식사, 걸음걸이, 평소의 반응 등 이제부터 노화에 대한 관리를 생각할 시기다.

더위, 추위가 심하지 않은 시간대를 선택하여 산책하는 것도 중요하다.

병은 조기발견, 조기치료가 중요

체력과 면역력이 약해졌기 때문에 질병에 걸리기 쉽다. 감염증 예방을 위해 백신 접종과 필라리아 예방약을 먹이는 것을 잊지 않는다.

그리고 평소에 체중, 체온, 식욕, 대소변, 피부와 털을 체크하여 이상이 발견되면 자주 다니는 수의사와 상담한다.

*시니어 전용 사료를 주는 방법

이가 약하면 따스한 물에 불려서 부드럽게 해서 준다. 한 번에 많이 먹지 못하면 조금씩 나누어서 먹인다. 맛이 진한 간식은 주지 않는다.

장애물 없는barrier free 편안한 공간을 만들어 주자

시력이 떨어지고, 다리와 허리도 약해졌기 때문에 애견의 생활권인 거실에 있는 장애물은 가능한 치워 버린다.

높낮이가 차이나는 곳이나 문지방에 걸려 넘어지는 일도 많아진다. 턱이나 문지방을 없애도록 한다.

거실 바닥이 미끄럽지 않게 하고, 현관과 계단 등 높낮이가 차이나는 곳에는 앞에 가드펜스(guard fence) 등도 설치한다.

또한, 애견의 잠자리와 화장실은 가깝게 배치하여 소변을 참다 싸는 행동을 줄인다.

냉난방이 지나치게 셀 때는 자유롭게 방을 출입할 수 있도록 애견이 있는 방문은 조금 열어놓는 습관을 갖자.

편안하다

＊질병 신호를 놓치지 말자

증상	생각할 수 있는 질병
토한다	위장 질병, 중독, 열사병, 감염증
털이 빠진다	피부병
머리를 흔든다	귀의 질병
설사	감염증, 기생충 질병, 중독
입 냄새가 난다	이의 질병, 위나 식도의 질병

쾌적한 공간을 위한 방 꾸미기

애견이 쾌적하게 느끼는 온도는 몸 상태에 따라 변한다. 냉방기나 난방기를 틀어놓았을 때는, 냉난방을 틀어놓지 않은 방으로 자유롭게 출입할 수 있게 문을 열어 놓는다.

또한, 여름에도 잠자리에는 애견이 추울 때 사용할 수 있게 담요나 수건을 깔아 놓는다.

우왕좌왕

허둥지둥

중장견기
심리편

고집이 세고 제멋대로 행동한다

애견이 간식 있는 곳을 알고 있어서 아무리 「안 돼」하고 지시해도 줄 때까지 고집스럽게 그 자리를 계속 지킨다.

상쾌하고 기분 좋은 장소를 발견하면 가족이 다니는 길목인데도 상관없이 누운 채 조금도 움직이려고 하지 않는다.

자신은 움직이지 않고 몸을 쓰다듬어 달라고 주인을 부르는 듯한 몸짓 등을 한다.

이 시기에는 이렇게 '본능 그대로'의 태도를 보이는 경우가 많아진다. 이것도 노화현상의 하나로 받아들이고 지켜보자.

주인한테 행동이나 몸짓보다 이심전심으로 마음을 전한다

강아지 때처럼 현관까지 달려와서 가족을 반기는 일도, 이름을 부르면 바로 곁으로 달려오는 일도 없어지고, 그저 살짝 부드럽고 따뜻한 시선만을 보이는 애견들도 있다.

나이가 들어 치매가 시작되어서 몸을 움직이는 게 귀찮아졌기 때문이지, 주인에 대한 충성심이 사라져서 그렇게 행동하는 것은 아니다. 주인의 모습을 보고 꼬리를 흔드는 것은 그것만으로도 아주 훌륭한 반응이다.

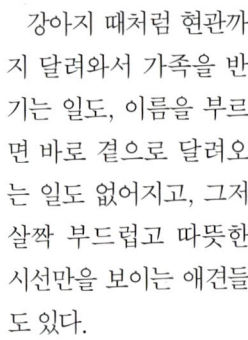

살랑

살랑

곁에서 다정스런 마음으로 대하자

이 시기에는 무턱대고 야단치지 말고, 부드럽고 따스하게 보살펴 주는 마음으로 대하자.

개는 옛날과 비교해서 체력이나 기력이 모두 약해진 것에 곤혹스러워 하고 있다. 그런 상황에서 주인한테 야단 맞으면 더욱 혼란스러워 한다.

할 수 있었던 것을 이제는 못한다고 야단치지 말자

유견기나 성견기에는 길들이기 훈련으로 똑똑하게 할 수 있었는데, 9살 정도가 되면 할 수 있었던 것을 못하게 되는 경우가 있다.

예를 들어, 「기다려」의 상태를 오래 유지하지 못하거나, 산책 나가기 전에 소변을 참지 못하고 싸 버리는 등의 행동이다.

집중력과 인내력은 몸이 늙으면서 같이 떨어진다. 그런 변화를 야단치는 것은 억지다. 노화는 개도 어쩔 수 없는 신체 현상이다.

애견한테도 있을까? 마음의 감기 「우울증」

우울해지는 개가 있다. 멍— 하니 있거나, 산책이나 식사, 용변 보는 것조차 귀찮아한다. 그럴 때 무리하게 산책을 시키는 것도 역효과이다. 잠시 조용히 혼자 있게 해 주자.

장난감을 애견 옆에 살며시 두고, 가지고 놀면 함께 어울려서 놀아 주자.

스트레스가 커지면 자신의 꼬리를 쫓아 돌거나, 계속 같은 자리에서 빙글빙글 도는 행동도 한다. 또는, 발끝 등 신체의 일부분을 계속 핥는 경우도 있다.

아무 의미 없는 행동을 반복한다.

스트레스가 쌓이지 않도록 하는 것이 중요하다. 항불안제(안정제)를 먹이고, 스킨십을 해 주자.

우울증 치료

● 약물 치료
● 환경을 바꾼다
● 스킨십을 한다

노견기
신체편

10 ~ 15살
몸이 마음대로 움직이지 않게 된다

잠자는 시간이 하루의 대부분을 차지한다

강아지 시기로 되돌아간 것처럼 하루의 대부분을 잠으로 보내게 된다.

가능한 환경이 좋은 장소에 잠자리를 만들어서 쾌적하게 보낼 수 있게 해 준다.

햇빛이 잘 드는 창가나, 주인이 앉는 소파 아래 등 개가 마음에 들어하는 장소가 있으면 그곳에 타월이나 매트를 깔아 준다.

걸음걸이가 불안해진다

다리와 허리는 더욱 약해져서 비틀비틀 걷게 되고, 일어나는 것을 귀찮아하게 된다.

복부는 늘어지고, 몸 전체의 피부도 탄력이 없어져 축 처지는 시기다.

산책을 나가도 활달하게 걷지 못한다. 그래도 한가롭게 마음 편하게 산책을 계속하는 것이 애견을 행복하게 만든다.

오히려 주인이 천천히 걷는 산책을 지루해 하거나 귀찮아하지 말아야 한다.

이 시기에는 특히, 집 안에서 일어나는 사고에 주의를 기울여야 한다. 높낮이 차이가 나는 곳과, 물건에 걸려 넘어지지 않게 애견 주변에 가능한 물건을 놓지 않는다.

한가롭게 걸으면서 주변 경치를 즐기자

이 시기에는 산책을 나가는 횟수도 적어진다.
그래도 산책을 나갔을 때는 운동보다는 기분 전환을 목적으로 걷는다.
천천히 걸으면서, 주변 경치를 즐기자.
애견도 상쾌한 냄새, 부는 바람, 살랑살랑 흔들리는 나뭇잎들이 기분 좋게 느껴질 것이다.

노견기
심리편

불안함이 점점 심해진다

마음먹은 대로 움직이지 못하고, 시각과 청각이 약해져 잘 보이지 않고, 잘 들리지 않으면 개는 불안함과 공포심을 강하게 느끼게 된다.

불안할 때 의지할 대상은 리더인 주인뿐이다. 집 안에서, 산책 중에, 병원에서 등 불안을 느낄만한 장소나 상황에서는 부드럽게 말을 걸어 안심시키자.

다른 개에게 관심을 나타내지 않게 된다

산책 중에 다른 개와 만나도 거의 관심을 나타내지 않게 된다.

영역 의식도, 연애 감정도, 사냥 본능과도 멀어져서 그저 자신이 내키는 대로 걸을 뿐이다. 노령견이 아니면 볼 수 없는 평온한 시간이다.

비틀비틀

비틀비틀

:: 가능한 피해야 할 것 ::

- 모르는 개와 마주하지 않게 한다.
- 건강한 강아지와 놀게 하지 않는다.
- 멀리 오래 걷게 하지 않는다.
- 날씨가 나쁠 때는 밖에 나가지 않는다.
- 환경을 새롭게 바꾸지 않는다.

나이가 들면 새로운 환경에 적응하는 게 어렵다. 모르는 개나, 건강한 강아지와 어울릴 때는 그 만큼 에너지가 소모되어 신체에 부담이 간다.

멀리 외출했을 때 개가 걸을 수 없게 되면 주인이 안고 올 수밖에 없다. 대형견일 경우에는 더욱 힘들어진다. 집과 가까운 곳을 한바퀴 도는 정도가 산책으로 적당하다.

해질 무렵은 마음이 평온한 시간

노견기에는 마음이 편안해지고, 그저 흐르는 시간을 즐기는 기분으로 지낸다.

애견이 평온한 나날을 즐기고 있다고 생각하자. 때로는 분노와 공포, 불안도 느끼지 못하는 경우도 있다.

몸 상태를 체크하고, 식사나 배설도 주의 깊게 살피는 것도 잊지 않는다.

그 외에는 그대로 조용히 지내게 한다.

PART 4

평온하게 살아가는 애견의 일생 — 노견기

163

15살 이후

누워만 있을 수도 있다

거의 몸을 움직이지 않게 된다

행동 범위가 더욱 좁아지고, 산책을 원하지 않게 된다. 그럴 때에는 무리하게 데리고 나가지 않는다.

마침내 실내 화장실에 가는 것조차 귀찮아져서 소변을 그대로 싸 버리는 횟수가 늘며, 기저귀를 차는 경우도 있다.

고령견기
심리편

주인의 애정만이 의지가 된다

애견의 세계가 좁아진 만큼 곁에서 보살펴 주는 주인만이 의지할 수 있는 유일한 존재가 된다.

걷는 것도, 먹는 것도, 옆에서 도와 줘야 하는 상황이 생기며, 그렇게 되면 애견 혼자만으로는 살아갈 수 없게 된다.

개의 몸집은 크지만, 젖을 막 뗀 강아지로 되돌아가는 느낌이다.

그렇게 이해하고 곁에서 보살펴 주자.

명 랑하고 밝게 대하자

애견이 누워만 있는 상태가 되어도 주인인 여러분의 마음이 어두워지면 안 된다.
애견이 강아지로 다시 되돌아갔다고 생각하자.
대소변이나 식사를 보살펴 주는 것도 강아지 때와 똑같이 한다.
주인이 명랑하면 애견의 마음도 밝아진다.

PART

5

가정에서
간호한다

가정 간호

병들고 늙은 애견을 보살핀다

:: 행복한 노후 ::

- 약해지고 병들었을 때 도움을 받는다.
- 가족에게 사랑받는다.
- 안심하고 생활할 수 있다.

언제까지나 행복한 관계로 있고 싶다.

간호하는 마음의 자세를 갖자

오랜 세월 사랑스런 표정과 행동으로 가족의 마음을 기쁘게 해주고, 신나는 운동과 놀이를 함께 했던 애견도 언젠가는 늙게 마련이다. 표정도 사라지고, 동작은 어색할 정도로 느려지고, 심신이 약해지는 것이 하루가 다르게 나타난다.

그런 애견에게 행복한 노후란 어떤 것일까? 변함없이 가족에게 사랑받고, 소중한 존재로 여겨지며, 늙어서 약해지고 병들었을 때 가족의 도움으로 생활의 불편함을 느끼지 못하는 삶. 이것이야말로 애견의 행복한 삶이다.

간호의 기본 ➡️

개의 기분과 습관을 미리 헤아려 살핀다
따뜻한 마음과 배려로 대한다

대소변을 싸도 밝은
표정으로 대한다.

간호는 커뮤니케이션 수단 중 하나

개는 적응력이 뛰어나기 때문에 몸의 고통이나 불편함을 느껴도 그 상태로 익숙해져서 살아간다고 한다. 말로 전달할 수 없으므로 사람이 알아서 보살펴 주지 않는 한, 참고 견딜 수밖에 없기 때문이다. 이가 약해 입에서 음식이 흘러도, 소변을 참지 못하고 싸도, 엉덩이가 더러워도, 산책할 때 뜨거운 햇볕 때문에 힘들어도 참을 수밖에 없다.

간호의 기본은 그러한 애견의 습성과 기분을 미리 헤아려 주는 다정한 마음과 배려에 있다. 이렇게 하면 편하겠지, 이렇게 해 주면 기뻐하겠지 등을 생각하는 것이 매우 중요하다.

애견이 젊었을 때 할 수 있었던 것들을 이제는 할 수 없게 되었을 때 느끼는 안타까움이나 불안함은 애견 스스로 더 통감할 것이다. 그런 애견에게 매정하고 무자비한 태도를 보이거나, 나무라는 것은 슬픈 일이다.

간호가 산책이나 놀이를 대신하는 커뮤니케이션의 수단이라고 생각하고 자주 보살펴 주자.

확실하게 보살피지 않으면 악취의 원인이 되기도 한다. 물론 애견을 포함한 가족 모두가 쾌적하게 살아갈 수 있도록, 개가 생활하는 장소와 가구의 배치 등을 생각해 보는 것은 어떨까?

가정 간호 포인트

1 가족 곁에 케이지를 둔다

병에 걸리면 몸 냄새와 입 냄새가 심하게 나고, 종양과 상처에서 나오는 분비물 때문에 지독한 냄새가 나기도 한다. 그렇기 때문에 애견의 거주 공간이 거실에서 멀어지기 쉽다.

그러나 병에 걸렸을 때야말로 가족 곁에 두고 상태를 지켜봐야 한다. 환기를 자주 하고, 공기 청정기나 악취 제거제를 사용하면 냄새를 줄일 수 있다.

냄새가 나지 않는 방으로 만들기

실내 환기를 자주한다. 창문을 가운데로 몰아 놓고 좌우를 열어 놓는다. 애견이 생활하는 방에는 환풍기를 단다. 공기청정기도 큰 도움이 된다.
방문을 열어 놓아 통풍이 잘되게 한다. 이렇게 하면 냄새가 방에 배지 않고 분산되어 사라진다.

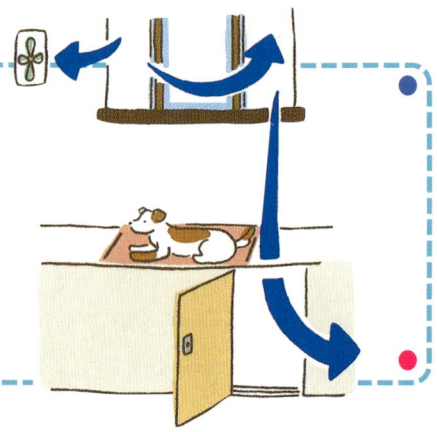

② 자주 말을 건넨다

오감이 둔해져서 주변 상황을 잘 파악하기 어려워진다. 개가 느끼는 불안을 없애주기 위해서는 자주 말을 걸거나 몸을 쓰다듬어 주는 것이 좋다.

③ 잠자리를 항상 깨끗하게 상쾌하게

잠자면서 지내는 시간이 길어진 애견을 위해 잠자리를 항상 깨끗하게 관리해야 한다. 빠진 털은 청소해 주고, 깔아 놓은 매트나 타월은 자주 세탁하고 햇빛에 말려서 세균의 번식을 막는데 주의를 기울여야 한다.

또한, 겨울에는 보온에, 여름에는 서늘한 환경이 되도록 항상 신경을 써야 한다.

잠자리에 대소변을 쌀 경우의 IDEA

대소변을 잠자리에 쌀 때마다 매트를 일일이 빠는 것은 힘든 일이다. 그러면 잠자리 관리를 손쉽게 할 수 있는 방법을 생각해 보자.
① 매트 위에 화장실 시트를 깔고 그 위에 타월 등으로 덮어 놓는다.
② 소형견인 경우에는 받침 선반(화장실 시트)이 달린 침대를 잠자리로 하고 그 위에 타월 등을 깔아 준다.

가정 간호 포인트

④ 욕창을 예방한다

영차

몸이 불편해서 뒤척이지 못하고 계속 같은 자세로 누워 있으면, 울혈(정맥이 확대되어 충혈되는 증세)로 욕창과 물집이 생긴다. 심해지면 애견에게 고통을 줄 뿐만 아니라 간호도 힘들어진다.

일정 시간마다 간격을 두고 안고 들어올려서 몸의 방향을 바꿔 준다.

욕창 예방 IDEA

잠자리는 대소변을 싸서 더러워질 가능성이 크다. 값싼 소재를 이용하면 사용 후 버려도 아깝지 않다.
① 포장용 공기완충제air packing를 매트 대신 방석 커버에 넣는다.

⑤ 대소변용 기저귀를 찬다

허리와 다리가 약한 애견은 보행뿐 아니라 용변 자세도 잡기 힘들어진다. 화장실까지 데려가 엉덩이가 바닥에 닿지 않도록 하반신을 받쳐 주기도 한다. 화장실까지 가지도 못하고 대소변을 계속 잠자리에 싸면 기저귀를 사용하자.

단, 기저귀는 채운 채 두지 말고 자주 갈아 주고, 배설하면 엉덩이 주위를 닦아 주는 것도 잊지 말자.

기저귀 IDEA

갓난아기용 기저귀를 아이디어로 활용하자.
① 기저귀를 가로로 반을 접어 중앙에서 조금 위의 부분에 꼬리 구멍을 만든다. 수캐의 경우에는 배에 닿는 부분을 조금 더 가슴 쪽으로 올라오게 찬다.
② 진돗개 정도의 몸집까지는 신생아용 기저귀를 사용한다.

6 자주 몸을 닦는다

젊었을 때 몸이 더러워지면 열심히 핥아서 닦던 개도 늙으면서 점점 더러워지는 것에 대해 무관심해진다.

식사 후 입 주위, 용변 후 항문과 음부, 볼 일을 보고 더러워진 발바닥 등은 미지근한 물에 적신 수건으로 자주 닦아 준다. 나쁜 냄새를 없애는 효과도 있다.

또한, 눈곱이 쌓이거나 눈물자국이 생기기 쉬운 눈 주위도 부드럽게 닦아 주자.

뽀송
뽀송

젖은 수건 대신 사용할 수 있는 아이디어

일일이 수건을 적셔서 닦는 것이 힘들면 물휴지를 사용하는 방법도 있다.
① 갓난아기용 물휴지는 피부에 자극도 적고 종이도 두꺼워서 사용하기에 편리하다.
② 가격이 싼 부직포로 된 수건도 편리하다.

음악을 들려 주자

말을 걸어 주지 못할 경우에는 CD나 카세트 테이프 등으로 음악을 들려 준다.
조용한 멜로디의 곡이나 자연의 소리 등을 선택한다.
그러면 애견은 불안해 하지 않고, 마음도 안정된다.

7 일광욕을 시킨다

산책을 맘껏 할 수 없게 된 후부터는 실내에 햇빛이 잘 드는 장소에서 일광욕을 시킨다.

바람이 들어오도록 창문을 열면 더욱 쾌적해져서 기분이 아주 좋아질 것이다.

8 식사할 때 도와 준다

이가 약해진 후에 시니어 전용 사료도 스스로 먹을 수 없게 되면, 우선 딱딱한 채로 주지 말고 미지근한 물에 불려서 주거나, 통조림 타입으로 바꾸어 본다.

또한, 먹는 그릇 아래에 받침대를 두어 먹기 쉬운 높이로 올려 준다.

그 후에 더욱 체력이 약해져서 그릇의 사료를 먹을 수 없게 되면 숟가락으로 조금씩 떠서 먹여 준다.

9 오랜 시간 혼자 집에 두지 않는다

혼자 집에 있게 하는 것은 젊었을 때보다 더 개를 불안하게 만든다. 주인 냄새가 배어 있는 수건이나 장난감을 놓아 주거나, TV를 켜놓아서 외로움을 달래 준다.

오랜 시간 집에 혼자 있게 하면 너무 두려운 나머지 문제 행동을 일으킬 수도 있다.

10 밤에는 가족 곁에서 자게 한다

가족의 침실과 애견의 잠자리가 떨어져 있는 경우, 노령견이 되면 가족 곁에 잠자리를 옮겨 주자. 떨어져 있는 불안함은 문제 행동을 일으키는 원인이 될 수도 있다.

단, 2층으로 애견의 잠자리를 옮길 경우에는 화장실도 함께 옮겨 줘야 하며, 계단에서의 추락 사고 등을 조심해야 한다.

배회하거나 밤에 울면

혼자 있는 게 너무 불안해서 나타나는 행동이므로 밤에도 방에 불을 켜 놓거나, 음악이나 TV를 켜 놓는 것으로 불안함이 줄어들 수 있다. 또한, 가족의 침실에 데리고 들어와 곁에 있게 해 주는 것도 같은 효과가 있다.

낮에 계속 잠을 자기 때문에 수면 리듬이 깨져서 그렇게 행동할 수도 있으므로, 되도록 낮에는 애견과 어울려서 깨어있는 시간을 늘리는 것도 하나의 방법이다.

간호는 가족 모두가 한다

다녀 오세요

좋아 아이 착해라

수고해라 간호 잘 부탁한다

간호를 시작하고부터 외출할 수 없다면 큰 문제가 된다. 때때로 휴식을 갖고, 가족끼리 교대하면서 간호한다.

아빠, 엄마, 아이의 역할을 각각 정한다

비록 개를 간호해도, 「간호」는 하는 사람에게 정신적 육체적으로 부담이 된다. 「개를 좋아한다」는 것만으로는 극복하기 힘든 경우도 있다.

간호는 가족 모두가 역할을 분담해서 한다.

낮에 엄마가 간호하면, 밤에는 아이가, 휴일에는 아버지가 하는 등 서로 나누어서 간호한다.

또한, 간호하는 사람이 밝은 기분으로 계속 유지하는 것이 중요하다.

건강한 주인이 즐겁게 곁에 있어 주는 것만으로도 애견은 기쁘다.

애견을 보다 밝고 건강하게 보살피기 위해서, 간호하는 주인이 보다 명랑하게 대해야 한다.

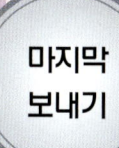

간병하는 방법을 선택한다

*수술할 경우

장점	완치된다
단점	체력이 수술을 이겨내지 못하여 사망한다

간병하는 방법은 다양하다.
각각 장단점을 살펴서 선택해야 한다.

*수술하지 않는 경우

장점	더 이상 진행되지 않고, 편하게 살아간다
단점	진행되어 사망한다

예를 들어, 나이가 아주 많은 노령견한테 지방종양이 생겼다고 하자. 악성인지 양성인지는 수술하지 않으면 알 수 없는 상태다.

고령견한테는 수술을 위한 마취도 상당히 부담스럽다.

그 위험 부담을 각오하고, 그래도 악성 가능성이 있는 한, 지금부터 수개월이든 몇 년이든 오래 살게 하기 위해서 절제 수술을 선택할 것인가? 그렇지 않으면 다소 불안해도 지방종양을 몸에 지닌 채 이겨내면서 살아가는 것을 선택할 것인가?

의사는 노령견인 경우, 주인의 선택과 의사를 가능한 중요하게 생각하려고 한다. 주인의 생사관은 그대로 애견의 남은 인생을 좌우하게 되고, 주인이 애견의 운명을 결정짓게 된다.

이 결단을 내리지 않으면 안 되는 것은 개가 장수했기 때문에 고민하는 문제이지만, 주인이 최선이라고 생각하는 길을 선택해야 한다.

175

마지막
보내기

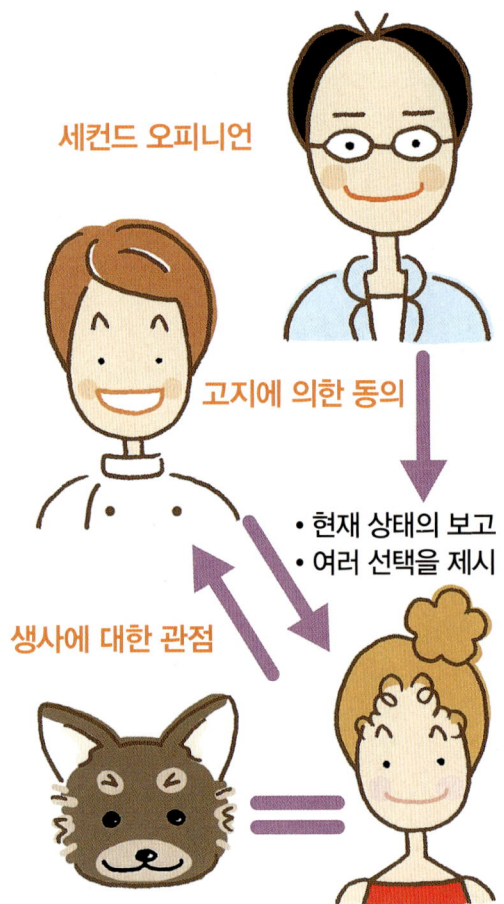

세컨드 오피니언

고지에 의한 동의

• 현재 상태의 보고
• 여러 선택을 제시

생사에 대한 관점

알아야 할 Key –Word

고지에 의한 동의 informed consent
의료행위에 있어서, 인권존중에 있어서 중
요한 개념. 의학적 조치와 치료에 앞서 그것
을 승낙하고, 선택하는 데 필요한 정보를 의
사로부터 받는 권리.

세컨드 오피니언 second opinion
한 사람의 의사에게 진료를 받는 것이 아니
라, 다른 의사의 의견을 구하는 것. 다양한
진료를 통해 스스로 생각하여 결단을 내리
기 위한 하나의 방법.

가족끼리 의논하여 결정하는 간호 방법

노령견한테 병원에서 해줄 수 있는 것은 수술
과 투약으로 질병을 치료하고, 통증과 고통을 덜
어주는 것이다.

그러나 수술이나 치료 후 사회복귀 요법(reha-
bilitation)을 계속하거나, 지속적인 투약과 식사
관리, 운동 관리를 계속 해야 한다면 그것은 애견
과 함께 살고 있는 주인밖에 할 수 없는 것이다.

그러므로 동물의료에 있어서도 「고지에 의한
동의」가 중요하다. 「세컨드 오피니언」을 알아보
는 것도 필요하다.

질병은 일단 치료되었지만, 그 후의 관리가 그
다지 중요하다고 생각하지 않거나, 옛날처럼 건
강하게 움직일 수 없지 않냐고 말하는 것처럼 의
사와 주인과의 인식의 차이가 생기는 경우가 있
기 때문이다.

이제는 동물의료가 발전하여 병원에서 숨을 거
둘지, 집에서 마지막을 맞을지, 마지막까지 치료
로 목숨을 이어나갈지, 자연스럽게 시간의 흐름
에 맡길지 등, 인간만이 아니라 개도 그런 선택을
할 수 있는 시대가 되었다.

집에서의 마지막

집에서 편안하게 가족과 이별한다.

병원에서의 마지막

병원에 안락사를 부탁한다.

어디에서 마지막을 맞는가

연명 치료

생명이 연장되도록 할 수 있는
가능한 치료를 모두 한다.

어떤 마지막을 맞는가

자연의 시간에 맡긴 채

생명을 연장하는 조치를 취하지 않고
자연스런 삶의 시간에 맡긴다.

안락사를 어떻게 생각하는가?

안락사는 참으로 어려운 문제다. 애견이 고통 받고 있을
때 그 고통에서 해방시켜 주고 싶다고 생각하는 주인도
많을 것이다.
치료 방법을 선택하는 것은 주인이다. 그러므로 안락사의
결단도 주인이 하는 것이다. 수의사와, 그리고 가족과 상
담하여 애견을 위한 그리고 가족을 위한 행복을 생각하고
결단을 내리자.

가정에서 간호한다

177

**마지막
보내기**

안녕 잘 가

사체와 마지막
작별을 한다.

Bye Bye

애견을 떠나보내는 방법

애견의 마지막을 맞이하면 가족의 한 사람으로서 마음을 가라앉혀 죽음을 받아들이는 것이 우선이다.

현재 우리나라는 애완동물 화장 및 매장 등에 관련된 법률이 전무한 상태다. 애견이 죽으면 대부분 주인들은 뒷산이나 앞마당에 묻는데, 이는 사실상 위법행위에 속한다. 집에서 죽거나 병원의 사망진단서를 받지 않은 개는 생활폐기물로 분류되어 종량제 쓰레기봉투에 담아 버려야 합법이다. 묻거나 태우면 쓰레기 불법매립 또는 불법소각이 된다.

또한, 2001년 8월 9일로 동물병원에서 발생되는 모든 사체는 생활폐기물이 아닌 지정폐기물

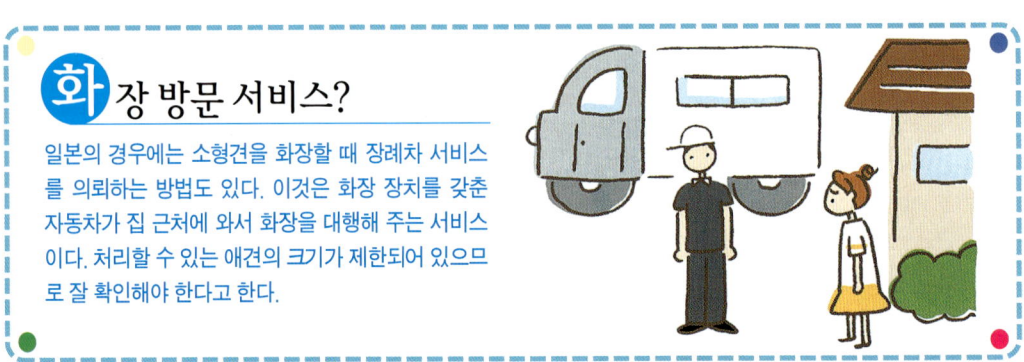

화장 방문 서비스?

일본의 경우에는 소형견을 화장할 때 장례차 서비스를 의뢰하는 방법도 있다. 이것은 화장 장치를 갖춘 자동차가 집 근처에 와서 화장을 대행해 주는 서비스이다. 처리할 수 있는 애견의 크기가 제한되어 있으므로 잘 확인해야 한다고 한다.

중 감염성폐기물로 분류되었다. 모든 동물병원은 폐기물 운반, 처리업체와 의무적으로 계약하여 이를 시행해야 한다. 만약 동물병원에서 동물사체를 쓰레기봉투 등에 넣어 불법 처리하는 경우에는 과태료를, 무단투기에 대해서는 징역이나 벌금을 부과하도록 되어 있다.

미국, 영국, 프랑스 등에서는 동물장례에 대한 관련규정에 따라 애완동물이 죽었을 때 처리하는 'Pet Heaven Memorial Park'이라는 제도가 있다. 일본에서도 사람이 죽었을 때와 마찬가지로 수의와 납골당까지 갖춘 동물장례제도가 일반화되어 있다.

우리나라는 1999년 국내 처음으로 일본의 동물장례제도를 도입하여 애완동물 장례대행업체가 생겼다. 가족같이 지낸 애완동물이 죽었을 때 장례를 지낸 후 유골단지를 제작하고 동물의 사체를 화장하여 보관하는 것이다.

그러므로 애견이 죽었을 때 처리할 수 있는 현실적인 방법으로는 첫째, 집에서 죽거나 병원의 사망진단서를 받지 않은 애견인 경우에는 생활폐기물로 분류되어 쓰레기봉투에 담아 버린다. 둘째, 동물병원에서 병으로 죽은 애견은 감염성폐기물로 분류되어 동물병원과 계약한 처리업체에서 처리한다. 셋째, 애완동물 장례업체에 대행을 부탁한다. 하지만 화장하고 납골당에 안치시키는 것은 법적으로 불법이기 때문에 화장을 하려면 감염성폐기물로 분류한 후, 정부의 허가를 받은 폐기물처리시설에서 소각해야 한다. 업체에 화장을 의뢰한 후에는 집에 안치할 것인지 납골당에 안치할 것인지를 결정한다. 납골당에 장기간 보관할 경우에는 어느 정도의 경제적 부담이 생기므로 집에 보관하는 사람들도 있다. 업체의 납골당에 안치할 경우에는 업체를 선정하여 안치하면 된다.

우리나라에서 죽은 애견들이 불법으로 산에 묻히는 수가 현재 수천톤에 이르고, 이것들이 전체 국민의 보건과 환경을 해친다는 점을 인식하여 앞으로 정부에서는 제대로 된 법을 제정해야 할 것이다. 가까운 일본 동경만 해도 개 화장장이 여러 곳이 있다.

애견이 애완동물에서 반려동물로 그 의미가 확대되고 있는 요즈음 개의 사체를 인도적으로 처리할 수 있는 방안을 마련하는 것이 급선무이다.

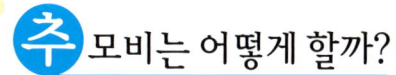

추모비는 어떻게 할까?

납골당의 문에 애견의 이름을 붙이는 사람도 있고, 사진을 거는 사람도 있다. 사료나 과자, 꽃을 놓는 사람도 있으며, 인터넷에 사이버추모비를 세우는 사람도 있다. 사후에 애견을 추모하는 방법은 사람들마다 제각기 다르다. 가족끼리 의논하여 하고 싶은 방법으로 추모하는 것이 좋다.

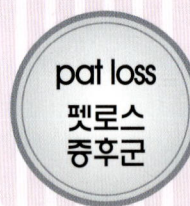

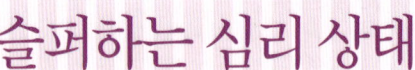

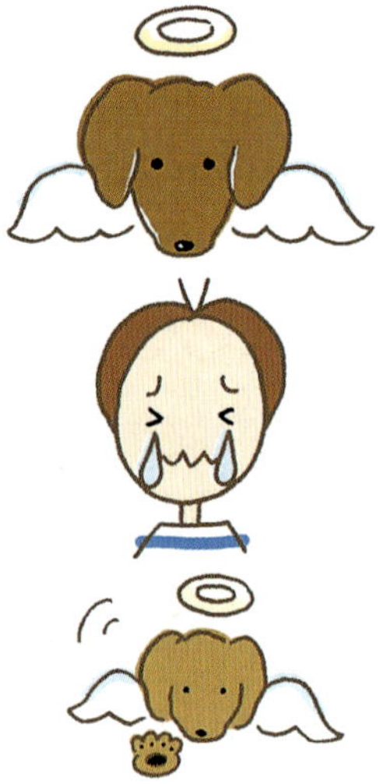

pat loss
펫로스 증후군

애완동물을 잃고 슬퍼하는 심리 상태

pat loss

↓

펫로스 증후군

↓

애완동물의 죽음이나 이별로 여러 가지 정신적 충격을 받는 것

애완동물의 죽음을 극복한다

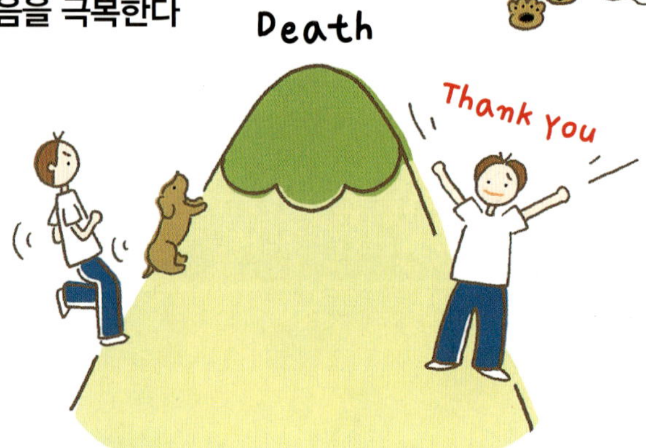

Death
Thank You

죽음이라는 현실을 극복한다

노령견이 될 때까지 살다가 타고난 수명을 다 한 애견의 주인은 펫로스 증후군에 걸릴 확률이 적은 듯하다.

오랜 세월 함께 살아온 애견을 잃은 슬픔은 크겠지만, 개 스스로 「열심히 살았고, 최선을 다했다」는 마음이고, 주인도 「가능한 해 줄 수 있는 모든 것을 다 했다」는 생각이 들면, 죽음이란 현실은 극복할 수 있다.

중요한 것은 죽음에 대해 각오를 해 두는 것.

세상과 이별하는 방법, 세상에서 떠나보내는 방법에 대해서 수의사와 확실하게 의논해 둔다.

*여러 가지 펫로스

사별

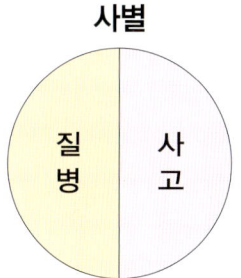

질병 / 사고

사별에는 예측하지 못한 사고로 갑자기 죽는 경우와, 투병생활을 하다 죽는 경우가 있다. 돌연사의 경우에는 죽음에 대한 마음의 준비가 없어서 펫로스에 걸리기 쉽다.

생이별

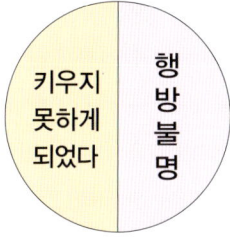

키우지 못하게 되었다 / 행방불명

펫로스는 사별만이 아니다. 애완동물을 잃어버린 슬픔은 생이별한 경우에도 나타난다.
행방불명 또는 기를 수 없어 어디론가 보내야만 하는 경우이다.
어떤 경우라도 스스로를 자책하는 경우가 많아 펫로스에 빠지기 쉽다.

고령견이 질병과 노화로 누워만 있게 되고, 단지 약의 힘으로만 연명하고 있더라도 애견이 조금이라도 더 오래 곁에 있기를 원하는지, 아니면 자연스럽게 수명을 받아들여서 지켜봐야 하는지는 주인의 몫이다.
주인의 가까운 이웃이 되어 적절한 조언을 해 주는 것이 수의사의 임무이다.
질병과 사고에 의한 돌연사도 있지만, 기본적으로 사람보다 수명이 짧은 애견을 키운 이상, 주인은 죽음에 대한 마음의 준비가 필요하다. 짧은 삶이기 때문에 후회 없도록, 애견과의 하루하루를 소중하게, 가능한 것은 모두 해 주도록 한다.

개는 죽는 장소를 선택한다?

개는 자신이 죽는 시기를 깨닫고 있는 듯한, 죽는 시간을 정해 놓고 있는 것이 아닌가 하는 느낌이 들 때가 자주 있다. 건강 상태가 나빠서 입원하고 있던 노령견이 겨우 회복되어 집으로 돌아오자마자 가족의 품에 안겨 숨을 거두거나, 산책 중인 노령견이 주인을 리드하듯 불쑥 병원으로 들어가 그 후 얼마 지나지 않아 죽는다거나……
모두 주인에게 충분한 사랑을 받고, 평온하게 죽음을 맞이한 애견들이다.

애견과 하루하루를 소중하게 보낸다

::: 펫로스 증후군에 걸리기 쉬운 사람 :::

pat loss
펫로스
증후군

오늘 회사에서
말이야…

Boo~

Boo~

애완동물에게 지나치게 의존하면 애완동물을 잃었을 때, 자기 자신을 어떻게 할지를 몰라 혼란 상태에 빠져버린다.
애완동물이 중심이 되는 생활이 아니라 일, 가족, 취미, 놀이 등 여러 분야에서의 자신의 생활을 넓혀 보자.

사는 보람을 잃고 텅 빈 마음이 채워지지 않는다

지금까지 펫로스 증후군에 걸린 사람들은 일에 스트레스를 받고, 게다가 가족으로부터 고립된 중년 남성, 자식 없는 가정주부, 접대서비스업으로 인간관계가 피폐해진 젊은 여성들이다.

죽음으로 몰고 갈 정도로 스트레스에 시달리는 요즈음, 주인은 애견에게 평온함과 마음의 위로를 구하고 있다.

그래서 무엇보다 더 애견이 우선되고 맹목적으로 사랑한 결과, 그 죽음을 맞이했을 때에는 마음

을 의지할 곳을 잃어 망연자실해지는 것이다.

그런 사람들은 오랜 시간 「그때 이렇게 했으면」하는 후회하는 마음을 언제까지나 떨쳐 버리지 못하거나, 사는 보람을 잃어버려 텅 빈 마음을 채우지 못한다.

해결방법은 애견이 죽었을 때 후회하지 않도록 키울 수밖에 없다. 후천적인 질병에 가능한 걸리지 않도록 생활하면서 신경을 써야 하고, 사고에 대한 대비도 철저히 준비해야 한다.

🐾 182

여러 마리를 키우는 것으로 극복할 수 있다?

새로운 개를 맞이하여 펫로스로부터 벗어나는 사람도 있다. 그 중에는 처음부터 애견을 여러 마리 길러서 갑작스럽게 일어나는 만일의 경우에 대비하는 사람도 있다.

그러나 한편으로는 애견과 함께 살아간다는 것은 언젠가 또다시 애견을 잃을 수 있다는 불안함도 따라다닌다. 키우는 애견이 많으면 불안도 슬픔도 그 수만큼 늘어난다.

슬픔을 모두 떨쳐 버리고 다시 일어선다

펫로스 증후군을 극복하는 것은 슬픔을 모두 떨쳐 버리는 것이다.

애완동물을 잃고 슬퍼하는 것은 당연하다. 그 슬픈 마음을 있는 그대로 사람에게 말하는 것으로 슬픔을 극복할 수 있다.

펫로스의 체험자가 모여 체험담을 말하거나 상담하는 동아리도 있다. 같은 체험을 한 사람들이야말로 마음을 열고 이야기할 수 있을 것이다.

동아리 말고도 새로운 친구나 개를 키우는 동료들에게 마음을 전달하는 것만으로도 충분히 마음은 편안해진다.

또한, 떠나보낸 애견의 추억과 사진 등을 정리하여 앨범을 만드는 것도 좋다. 이 작업을 통해서 애견의 죽음을 받아들이게 된다.

홈닥터(주치의)를 정한다

질병이 나타났을 때, 치료법이나 약을 선택할 때, 주인의 의견까지도 반영한, 보다 정확한 판단이 내려진다.

5살까지 홈닥터를 정한다

애견도 홈닥터가 필요하다. 병에 걸린 후 수의사를 찾아가는 것이 아니라, 건강할 때부터 몸 상태의 작은 변화를 상담할 수 있는 주치 수의사를 정해 놓는다.

이것은 질병의 예방과 조기 발견 등과도 이어진다. 수의사와 주인, 그리고 수의사와 애견과의 커뮤니케이션을 형성하고, 신뢰관계를 쌓기 위해서도 빠른 시기에 단골 동물병원을 정하도록 권하고 싶다.

광견병주사, 백신, 필라리아 예방약 투여 전에도 검사가 필요하기 때문에 동물병원을 방문하게 된다. 그런 기회를 애견의 정기검진의 날로 생각하자. 수의사는 애견의 체질과 특성, 질병 경력을 파악한 후에 성장과 변화를 관찰할 수 있다.

안심할 수 있는
수의사 선택 방법

수의사는 애견을 도와줄 뿐만 아니라 오해나 불신감을 없애기 위해서, 주인과의 커뮤니케이션을 잘 이루어야 한다.

부작용…
후유증…
치료법…

다양한 선택을 제안하는 의사가 안심

애견한테 어떤 질병이 발견되었을 때 부작용과 후유증도 포함해서 몇 가지 치료법 중에서 선택하도록 제안하는 수의사는 신뢰할 수 있다.

주인이 애견을 살리고 싶은 마음은 같아도, 치료에 대해서는 어디까지의 결과를 원하는지는 각각 다르다. 예를 들어, 생명이 위험한 절박한 상황에 있는 질병인 경우 「목숨이라도 구하면 다행이다」라고 생각하는지, 「치료 받으면 예전처럼 건강하게 뛰어놀기를 원한다」고 생각하는지에 따라서, 투약으로 지금 받고 있는 고통과 진행만을 막을지, 위험 부담이 있어도 수술을 결정할 것인지 등으로 판단이 바뀐다. 수의사에게도 전문 분야와 자신 있는 분야가 있으므로, 자신의 실력으로 감당할 수 없을 때에는 다른 수의사를 바로 소개해 주는 경우도 있다.

PART
5

가정에서 간호한다

185

목적에 따라서 병원을 선택한다

시설을 갖춘 대학 부속병원. 집과 먼 경우에는 계속 치료하는 것이 곤란하다.

개인병원은 가볍게 조언을 구할 수 있다.

병원의 전문 분야를 알아 놓는다

동물병원은 수의과 대학에 부속된 큰 병원부터, 집 근처에 있는 개인병원까지 있다.

부속병원은 최첨단 기계를 갖추었기 때문에 어렵고 복잡한 수술을 처리할 수 있다.

그에 비해 개인병원은 평소의 건강 상태나 예방주사, 음식과 운동, 길들이기 상담까지, 일상생활에 보다 가까운 조언을 받을 수 있다.

진료를 받으려는 목적과 애견이 걸린 질병에 따라 방문할 병원을 차별화하여 이용한다.

카르테(Karte, 환자의 병상, 검사, 투약내용, 치료 상황 등을 기록한 진료 카드)의 제출 등 폭넓은 지원을 기대할 수 있다.

:: 애견의 일생을 기록하자 ::

추억을 담자

애견을 잃게 되었을 때 추억마저 잃어버리는 것은 아니다. 함께 보낸 시간을 회상하고, 고마운 마음을 갖는다. 그것은 애견을 위한 최고의 감사 표현이고, 주인 자신한테도 위로가 된다. 죽음은 부정할 수 없는 것이고, 받아들여야 하는 것이다.

애견의 일생을 기록해 놓자. 그러면 언제나 사랑스런 애견을 회상할 수 있다.

애견의 죽음을 극복하기 위한 방법으로 추억의 앨범 만들기는 효과적이다.

필름 또는 디지털 카메라나 캠코더로 촬영해서 앨범에 정리하거나 홈페이지에 공개하거나 CD 앨범을 만드는 등 자기만의 방법으로 만들어 보자.

간호용품

애견 전용 간호용품도 여러 가지 다양한 종류가 판매되고 있다.
무슨 일이 애견한테 갑자기 일어났을 때에는 구조용품으로 이용하자.

개 운반 어깨걸이

허리와 다리가 약해져서 걷기 어려워졌을
때 편리하다. 목 아래에서 그림처럼 배를
감싸고 가슴, 등허리, 엉덩이 부분을 들어
올리므로 몸도 안정된다.

기저귀 커버

기저귀만 차면 용변이 밖으로 샐
수 있으므로, 기저귀 겉에 기저귀
커버를 입힌다.
꼬리를 빼서 기저귀로 등을 덮고,
허리에서 돌려 감아 테이프로 고
정시킨다.

소변 패드

흡수력이 좋은 종이기저귀.
등쪽은 폭이 좁다.

보행 보조 어깨걸이(하네스)

애견 조끼에 손잡이 끈이 달린 어깨걸이. 손잡이 끈을 위로 들어올려서 보행을 보조할 수 있다. 앞부분 전용과 몸통 전용, 뒷부분 전용이 있다.

페트 전용 종이기저귀

팬티 타입의 종이기저귀. 꼬리를 빼는 구멍이 있다. 바로 붙일 수 있는 테이프가 있어서 심하게 움직여도 벗겨지지 않는다.

매트

망사 커버로 되어 있어 속에 화장실 시트를 넣을 수 있다. 양쪽에 손잡이가 달려 있는 것은 들것처럼 사용할 수 있다.

크림

발바닥 보호 크림. 발바닥쿠션이 갈라지는 것을 막고, 뜨거운 지면 때문에 화상을 입는 것을 예방한다.

방수 타월

간호용 매트로 이용한다. 소변을 싸도 거실 바닥이나 잠자리를 더럽히지 않는다.

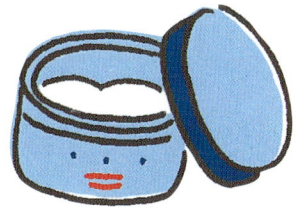

🐾 애완동물보험

애완동물이 질병에 걸리면 애완동물보험은 안심하고 치료받을 수 있게 많은 도움을 준다. 질병, 상해, 도난, 실종, 배상책임으로 인한 손해를 보상하며 가입자의 선택에 의한 추가 비용부담시, 구조비 및 사육비를 보상받을 수 있다. 현재 우리나라의 애완동물보험 시장은 아직 인식부족 및 복잡한 절차 등 여러 요인에 의해 보편화되지 못한 채 소수의 보험가입이 이루어지고 있다. 앞으로는 장례비용은 물론 애완동물이 죽었을 때 주인의 정신적 충격인 펫로스 증후군에 대해서까지 위로금을 보상해 줄 수 있는 애완동물보험이 활성화될 수 있는 날이 오기를 기대해 본다.

동양화재

애완동물지킴이보험

애완견이 병에 거리거나 다쳤을 때, 도난당하거나 분실했을 때 광고비와 포상금은 물론 애완견 보호소에 보관하는 경우에는 비용을 보상받을 수 있다. 또 기르던 애완견이 다른 사람에게 패해를 줘 배상해야 할 때는 배상책임보험금을 지급한다. 혈통견, 일반견 모두 가입이 가능하며, 애완견 구조, 수송 사육비용 담보는 피보험자 및 애완견에게 일어나는 손해에 대해서 보상한다.

서울특별시 영등포구 여의도동 25-1

02-3786-1114

http://www.ofmi.co.kr

현대해상

애완동물보험

애완동물의 상해, 질병, 사망손해, 치료비, 배상책임 등을 담보받을 수 있다.

서울특별시 종로구 세종로 178번지

02-3701-8361

http://www.hi.co.kr

펫프렌즈 PETFRIENDS

멤버십 의료보험

동물종합병원 펫프렌즈에서 회원제로 운영하는 의료보험으로, 합리적이고 경제적이며 체계화된 동물사
랑 프로그램이다. 년 회원가입 고객한테 예방접종, 종합검진, 진료, 애견호텔 숙식, 차량지원, 미용 등의
서비스를 제공하며 미용, 용품 등 부대 서비스 이용시에도 펫프렌즈만의 할인서비스를 제공하고 있다.
회원 종류는 루비, 골드, 플래티넘 등 3종류가 있다.

서울특별시 강남구 대치동 500번지 센트럴 500빌딩 1층

02-555-2272

http://www.ipetfriends.com

LG화재보험

동물보험

애완동물보험은 보험기간 중 발생할 수 있는 애완동물의 상해, 질병, 사망손해와 그에 따른 치료비, 애완
동물로 인해 발생되는 배상책임 등을 담보함으로써 애완동물을 기르는 중의 위험을 담보받을 수 있다.

서울특별시 중구 다동 85

02-310-2315

http://www.lgib2b.com

감수 | 나카하다 마사노리

1953년 홋카이도 출생.
아자부대학[麻布大學](구 아자부 수의과대학) 졸업.
1982년부터 도쿄도[東京都] 분쿄우구[文京區]에서 나카하다 동물병원 개업.

KOUREIKEN TO TANOSHIKU KURASU

© SEIBIDO SHUPPAN 2003
Originally published in Japan in 2003
by SEIBIDO SHUPPAN CO.,LTD
Korean translation rights arranged
through TOHAN CORPORATION, TOKYO
and BESTUN KOREA AGENCY, SEOUL

Korean translation rights © 2004 by Donghak Publishing Co.

노령견과 행복하게 살아가기

펴낸곳 | 동학사
펴낸이 | 유재영
옮긴이 | 김 환

책임편집 | 이화진
디자인 | 박준철 김정원

1판 1쇄 | 2004년 8월 10일
1판 2쇄 | 2010년 12월 21일
출판등록 | 1987년 11월 27일 제10-149

주소 | 121-884 서울 마포구 합정동 359-19
전화 | 324-6130, 324-6131 팩스 | 324-6135
E-메일 | dhak1@paran.com
　　　　 dhsbook@hanmail.net
홈페이지 | www.donghaksa.co.kr
　　　　　 www.green-home.co.kr

ISBN 89-7190-146-2 13490
● 잘못된 책은 바꾸어 드립니다.